名犬

［法］克里斯特尔·马泰 著

邓毓珂 译

上海文化出版社

目 录

名　犬

人类最好的朋友

一只 1.5 公斤的吉娃娃犬和一只 60 公斤的圣伯纳犬有什么共同点？一只长毛阿富汗猎犬和刚毛腊肠犬又有什么共同点？答案就是：它们都有着共同的祖先——狼。犬类有两个不同祖先（寒冷地区犬类的祖先可能是狼，而热带地区犬类的祖先则是豺）的假设并不成立。而犬类进化"缺失环节"（即所有犬种都是来自一个共同的原始祖先）的理论也不成立。根据遗传基因测试，狼毫无疑问就是犬类的祖先。

史前时代的野狗似乎很快就接受了人类的存在。我们在不同年代、不同地区都曾发掘出犬类的骸骨，如欧洲、北美和南美以及亚洲的以色列、日本、中国。人类对犬类的驯化可能历经了多个时期（公元前 12000 年至公元前 10000 年），在不同地区都有发生。为什么犬类与人类的关系越来越靠近，最后被人类所驯化？原因并非单一：犬类对人类群体有某种好奇心（也许是为了吃人类的剩菜剩饭），它们倾向于融入人类社会；而且犬类和人类在打猎时互相帮助能捕获一些大型猎物。这些都可以解释犬类与人类之间关系的转变。犬类帮助人类来驱赶并抓获猎物，这是犬类在人类社会中最开始的工作。犬类还可以作为人类的食物，为人类提供基本生活材料（如骨头、皮等）。

经过多年的论战，谜底已经揭开：狼就是狗的祖先。

19 世纪，狗已经成为人类家庭中的一员。右图为 R.A.希林福特（R.A. Hillingford）的《坐在狗背上的女孩》（*Transportée à dos de chien*）。

人类和犬类之间的依恋随着时间的流逝逐渐展现出来。应该说，也许当游牧民族成功地带着一些愿意跟随他们的犬类向另外的狩猎区迁徙时，这种依恋便诞生了。犬类的工作从而自然地从狩猎过渡到看护牲畜和田地：面对入侵者，它们显示出凶猛强悍的一面。但另一方面，它们也懂得如何与小孩嬉戏。犬类既是人类工作的助手，又是人类生活中的好伴侣，它们知道如何与人类维持这样的关系，并将这样的关系保持至今。

犬类在古代历史中一直担任着看护牲畜群的工作。而驯狗术由埃及人始创，在罗马人那里得到了完善。犬类的工作还包括看护人类的住所和寺庙。并且，人类也一直利用犬类来猎取大型猎物（如狮、虎之类的猛兽或野马、野牛等大型动物）或体形相对较小的猎物（狼、野猪、鸟类、野兔、羚羊等）。在用来驱赶和追捕猎物的犬类中，牧羊犬和猎兔犬最受人类喜爱。

犬类由于其身体特征同时也被运用于战场上。首先将犬类用于战争的也许是亚述人，波斯人、希腊人和罗马人紧随其后。犬类在战场上最开始时的任务只是放哨和传递信息，但很快它们也加入到战斗中。人类给它们穿上带有尖镐的皮质盔甲，然后在盔甲上固定好火把，把它们变成攻击敌人的有力武器。

罗马人让犬类参与竞技表演。他们喜欢牧羊犬之间的角斗，也欣赏杂技犬表演的走钢丝之类的杂技。犬类因其强壮的身体和顺从的性格成为人类公认并喜爱的伙伴。埃及人在他们所饲养的犬死后会剃光它的毛，然后将它做成木乃伊。有时候犬类和它的主人葬在同一墓室。希腊人和罗马人偏好小型犬，并与它们朝夕相处。据说，他们甚至将狗装在极小的笼子里限制它的成长。犬类也被视为奢侈品，例如白色猎兔犬对于埃及人、大丹犬对于罗马人来说都是非常昂贵珍稀的犬种。作为财富的象征、人类日常生活不可分离的伙伴，狗这种动物在后来好几个世纪都是无数艺术家和创造师灵感的源泉。

中世纪时，犬类是贵族们狩猎时的助手，同时它们也继续承担看家护院的职责。皇家和封建领主们的猎犬队不断壮大，这种现象在欧洲十分普遍，并一直持续到18世纪。犬类在狩猎时帮助人类驱赶和抓捕猎物，尤其是在猎狼过程中。因此它们是人类最宝贵的朋友。直到旧制度[①]末，带猎犬队狩猎都是权力的象征、贵族的特权。围猎技术随着时间的发展逐渐系统化并形成了真正的狩猎术。一方面，贵族阶层因为犬类的强壮和漂亮而喜爱它们，而另一方面，平民阶层却要小心提防它们。因为一些饥饿的流浪狗经常在乡间徘徊，引起村民的恐慌。他们害怕被饿狗袭击，

① 法国1789年前的王朝。——译者注

《回羊圈》(*Retour à la bergerie*)，由A. H. 布伦德尔（A. H. Brendel）绘制。19世纪，犬类是牧羊人不可或缺的助手，特别是在进山放牧家畜期间。

害怕它们带来一些如狂犬病之类的致命疾病。而教会也认为犬类是一种不纯净的动物。尽管如此，由于贵族对狩猎这一活动的热爱，犬类在贵族心目中一直保持着特殊的地位。教会从而也努力对犬类表现出更大的宽容。除了猎犬队，伴侣犬在欧洲各大宫廷也很流行。文艺复兴时期，这种伴侣犬被称作"快乐犬"，贵族夫人们，甚至某些国王无论去哪里都带着它们。另外，虽然随着火器在战争中的运用而导致犬类参战的频率减少，但犬类仍是人类战争中的英勇战士。

19世纪和20世纪，犬类的工作类型逐渐趋于多样化。由于游牧时代的结束，人类不再需要进山放牧，用栅栏将牲畜群圈养起来，所以犬类的工作由看护牲畜群转变为看守农场。然而，近二十年来，

狼、猞猁之类的捕食性动物再次猖獗，牧羊犬不得不又担负起保护家畜的任务，尤其是保护羊群。犬类也为手工业和农业服务，成为许多行业的工作犬。它们充当驾车牲口，牵引挂车，运输农业收获物、牛奶，甚至还能运送小孩。城市里的手工业者，如剪刀工、织布工，均用狗拉车。这些工作使犬类的肌肉得到了锻炼。另外，19世纪时，人类利用猎犬的才能来驱赶害兽，如捕鼠。那时每个行业都有它专门的捕鼠犬。例如，英国矿工们偏好的捕鼠犬即猎狐梗和斗牛梗。人类同样也利用犬类灵敏的嗅觉来寻找块菌[①]。犬类和猪不同，它们不喜欢吃这种菌类，因此它既能找到块菌，又能让块菌完好无损。这是犬类在这方面更讨人喜欢的关键因素！

同时，犬类依然活跃在人类战场上。埃及战役期间，拿破仑下令训练莫洛斯犬参战。第一次世界

这幅《猎熊图》（Chasse aux ours）表现的是犬类和熊之间的一场艰难而痛苦的角斗。由 P. 德沃斯（P. De Vos）于 18 世纪绘制。

---

① 即松露，一种珍贵的食用菌，生长在针阔叶混交林的浅表土层或植物根际的土中。——译者注

大战时，犬类担负着抬担架、送信或牵引机关枪的任务。而第二次世界大战期间，犬类作为"军事犬"出现在战场上：它们学会了跳伞，能潜入敌军阵营，并识别和攻击敌人。人们甚至让它们充当"神风飞机"①：把背着炸弹的狗送往敌军阵地。第二次世界大战之后，犬类也参与了一些战争，如越南战争。

法国大革命之后，以前一直代表着贵族阶层特权的犬类逐渐平民化、普及化，并在19世纪进入艺术家、政治家和资产阶级的家庭。正如过去在罗马竞技场中那样，犬类成为大众的各种娱乐消遣工具，如斗狗、捕鼠比赛、赛狗。

19世纪下半叶是犬类地位转变的决定性时期。人类一心想要保护或改良犬类的特性，因此制定犬类分类的标准这一任务提上了日程。我们将犬类进行了分类，有关犬种的知识和研究也问世了。第一届犬展在英国举行，以改进英国犬种为目标的英国肯内尔犬业俱乐部（Kennel Club）于1873年建立。随后，1882年，比利时圣于贝尔皇家协会（Société royale Saint-Hubert）和法国犬类中心协会（Société centrale canine）也相继成立。犬类数量的增长促进了一个特殊市场的形成。19世纪末，最早的犬类收容所、宠物诊所和宠物墓地纷纷建立起来。塞纳河畔的阿斯尼埃尔宠物墓地在1890年开放时拥有10万个位置，但很快就供不应求了。

犬类是我们生活中不可或缺的伴侣。虽然它现在对于我们来说，更像是我们珍惜的家庭成员，但

---

① 装满炸弹，直接轰炸和撞击敌军的自杀型飞机。源于第二次世界大战末期日军的"神风特攻队"的行动，他们驾驶装满炸弹的飞机撞击美舰与之同归于尽。——译者注

它仍然继续为我们工作，充当我们的助手。据统计，21世纪初的法国拥有800多万只狗。在这样的背景下，为我们的犬类朋友提供各种产品的特殊产业得到了蓬勃发展：这些产业为犬类提供食物、衣服、玩具、护理品，还有相关的杂志、书籍，其数量非常可观。除此之外，我们还为犬类提供各种各样的服务项目：托管、医疗、保险、动物心理医生等。我们想当然地觉得犬类需要这样的产品和服务，因为一直都是犬类主动来适应我们人类的生活方式。但是实际上，犬类本身是一个等级分明的群体（犬类的等级划分以身材大小为标准），在这个群体里，支配者（体形庞大的犬类）和被支配者（体形较小的犬类）依据固定的规则生活在一起。当犬类进入人类社会，为了使它们和主人间保持和谐的关系，在它们和我们人类之间建立起等级制度便显得非常重要。我们必须要让犬类明白它处于家庭的最底层。这没有什么残忍的，因为犬类反而更懂得向人类表现出它们的顺从和依恋。某些犬类的态度本来是表明这种支配和被支配的关系，却被人类所误解。例如：当一只狗伸出爪子时，并不是因为它在模仿人类握手的动作，而是在向主人乞求什么。另外还有一些人类很难忍受的犬类习惯实际上是犬类之间在进行交流。

例如，排尿（甚至一次只有几滴）对于犬类来说是一种标示地盘的方式。而闻其他狗的排泄物则让它了解了这一地盘的归属。一只不停吠叫的狗的确让人心烦，但它绝不会无缘无故地吠叫。面对陌生人时，它用吠叫来发出警告，并试图通知它的同类。它声嘶力竭地号叫实际上是在等待同伴的回应，有了回应它便安心了。犬类的智慧不同于人类的智慧。犬类的智慧介于条件反射和思考之间。出于自然本能，它们对外界刺激的感受性强，还有驯良的性格。这些都是犬类在工作中表现英勇的原因。犬类行动的目的往往和人类的目的不同。经过训练的犬类去搜寻被掩埋的遇难者并不是因为它有爱心，而是它想取悦主人。所以，不要认为其他生物都具有和我们人类一样的情感，不要臆测犬类根本没有的情感：它们已经拥有足够多的先天条件来成为我们人类出色的伙伴了。

本书并不想从各方面来分析犬类，我们旨在通过100只具有典型意义的犬来介绍犬类在不同时期所担负的各种工作，如狩猎、防卫、参战、娱乐、救援……书中所展示的艺术作品提醒着我们，犬类也是众多艺术家灵感的来源，这些艺术作品展现了我们对犬类的忠诚与奉献精神的敬意。

19世纪出现了首批宠物医院。图为1920年前后T.A.施泰伦（T.A.Steilen）制作的宠物医院的广告。

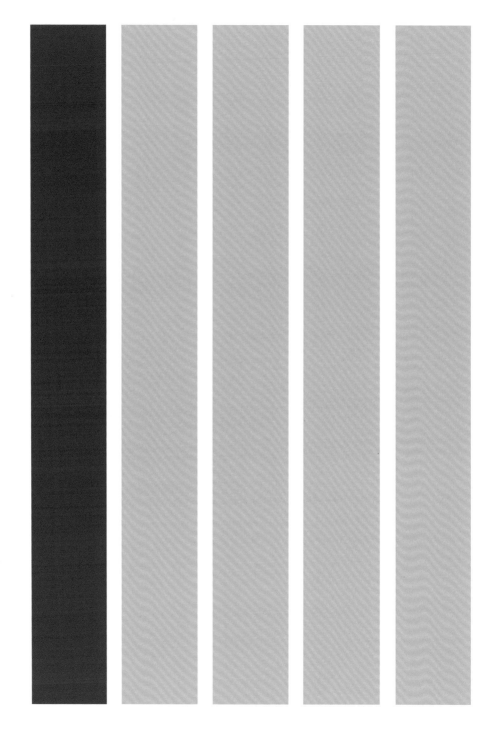

1

神、国王和全人类的伴侣

神话之犬▶阿努比斯 　一位公正的法官

阿努比斯（Anubis）是伊西斯（Isis）[1] 和奥西里斯（Osiris）[2] 之子，在古埃及宗教中他们被奉为沙漠之神和冥界之神。阿努比斯引导亡灵前往另一个世界，驱赶那些想要吞食尸体的流浪狗，守护亡者的墓地。阿努比斯的显像通常为黑色犬首男人身，或者是一只头朝右、爪子向前方伸展卧伏在地上的犬的模样，这种形象让人联想起他作为亡灵守护者的职责。有时候，人们也会将阿努比斯塑造成胡狼的形象，但是胡狼这种动物和犬类相比，在埃及并不受欢迎。所以胡狼形象的阿努比斯比较少见。与阿努比斯紧密相连的黑色当然象征着他与亡灵世界的关系，同时也让人回想起埃及最古老的名字之一——Al-Kîmiya，意为黑暗之地。在古王国时期，阿努比斯是非常受大众爱戴的葬礼之神，甚至辛罗波利斯城唯一的一座寺庙就是专门用来供奉他的。埃及人石墓里的各式各样的祭品也是献给阿努比斯的。古王国时代末期，阿努比斯的父亲奥西里斯是埃及主神之一，是死亡判官，阿努比斯则是他父亲的助手，将亡者领到奥西里斯的面前。古希腊罗马时期又认为他是亡者的陪伴者和冥界守护者。所以，阿努比斯如果是以人类之身的形象出现，那么他手上拿着一把钥匙，如果他完全是以狗的形象出现，那么在他嘴里就叼着一把钥匙。

阿努比斯必须完成三项极其重要的任务来帮助亡者成功抵达冥界：第一，用防腐香料保存尸体；第二，让干尸张开嘴巴复活；第三，称量亡者的心脏。保存尸体、制作木乃伊的环节必须精心细致地准备，这样才能让亡灵顺利来到死亡判官面前接受判决。阿努比斯曾经帮助母亲将他父亲制成木乃伊。寻回父亲奥西里斯被赛斯

① 伊西斯是古埃及的母性与生育之神。——译者注

② 奥西里斯，另译名俄塞里斯，埃及最重要的"九神"之一。他生前是一个开明的国王，死后是地界主宰和死亡判官。执行人死后是否可得到永生的审判。——译者注

有时候，阿努比斯被认为是长着胡狼头的神灵；然而毋庸置疑，他具有犬类的特征。图中所示是埃及的阿努比斯木雕。

从这幅埃及底比斯城的壁画，我们可以清楚地看到阿努比斯将两只手放在棺材之上，表示对亡者的守护。

（Seth）①肢解的尸体之后，他带来所有制作木乃伊需要的防腐香料制作木乃伊，并在制作过程中一直保护着他父亲的亡灵。因此，阿努比斯被认为是用防腐香料保存尸体的鼻祖。所以，在描绘丧葬仪式的画册中，我们经常看到阿努比斯身体前倾，倾向一具置放在棺材中的木乃伊。

阿努比斯是神奇的巫术之神，他通过运用一些神秘的方法能使木乃伊复活，他不仅能让木乃伊张开嘴巴说话，还能让木乃伊睁开双眼，用鼻孔呼吸，用耳朵辨声。就这样，他帮助木乃伊做好在冥界生存的准备。然后，他将双手放在木乃伊之上以示对亡者的保护，并引领亡者去往神祭之地，即人间和亡灵世界之间的中间地带。换而言之，阿努比斯担当着神与去往冥界的亡者之间的纽带的重任。

接着，阿努比斯开始称量死者的心脏。天平的一端放着女神玛特（Maât）②的一样物品。有时候是她的圣书字，有时候是她的标志物——一根象征真实的鸵鸟羽毛。而亡者的心脏则放在天平的另一端。心脏，被视为智慧承载器官，能反映死者

的行为和意识，揭示着死者是否正义和真实，它的重量决定着死者的命运。阿努比斯会将死者的心脏和羽毛的重量进行对比，他的裁决至关重要，因为判决之神奥西里斯和荷鲁斯是根据他的裁决判决的。假如天平两端处于水平，那么亡者便可以列入神位或成为冥界精灵。但如果亡者的心脏比另一端重，那么他就会立即被怪兽吞食掉。

与塞伯拉斯（Cerbère）③和肖洛特利（Xolotl）④相比，阿努比斯外表并不可怕，他之所以令人敬畏，是因为他是连接人间与冥界的纽带，在称量亡者心脏时表现得铁面无私。

---

① 奥西里斯之弟，因嫉妒奥西里斯而将其杀死，并将尸体肢解成14块，扔到了埃及的各个角落。——译者注
② 古埃及女神，代表着正义、真实和秩序。——译者注
③ 希腊神话中看守地狱之门的三头犬，狗嘴滴着毒涎，下身长着一条蛇尾，头上和背上的毛全是盘缠着的条条毒蛇。——译者注
④ 阿兹特克神话中的冥神、火神和霉运之神，狗头人身。——译者注

13

神话之犬▶阿尔戈斯　忠诚，直至生命的最后一刻

据《奥德赛》（ *L'Odyssée* ）中关于俄底修斯（Ulysse）十年来的遭遇的描述，俄底修斯历尽千辛万苦最后回到了伊萨卡岛。然而在岛上，新的考验正等待着他，因为他必须夺回自己的财产。那些自称是他朋友的人霸占了他的宫殿，终日宴饮作乐消耗他的家产，还强迫他的妻子佩涅洛佩（Pénélope）改嫁给他们中的一个。俄底修斯化装成乞丐回到家乡，并下定决心向这些入侵者复仇。他不被人察觉地偷偷进入自己的宫殿，没有人认出他，除了他的老狗——阿尔戈斯（Argos）。

荷马（Homère）在《奥德赛》的第17章中向我们描述了这段激动人心的重逢场面。当年俄底修斯出发去依里昂时，阿尔戈斯还只是一只幼犬。它强壮魁梧，活力充沛，有着成为优秀猎犬的潜质，前途一片光明。可是自俄底修斯走后，再没有人照顾它，对它的训练也半途而废。阿尔戈斯变得毫无用处，自生自灭。现在年迈的它行动困难，浑身长满虱子，躺在一堆粪便上，然而当它再次见到俄底修斯时，它立刻认出了它的主人："它认出走过来的这个男人就是俄底修斯，它摇着尾巴，两只耳朵耷拉下来。"它的主人也认出它

来："俄底修斯看见它了：他转过头去抹去脸上的泪水。"主人与狗再次相见，但这次重逢却是那么短暂，因为在他们重见不久阿尔戈斯就断气了："死亡的阴影已经覆盖住这双二十年后再次看见俄底修斯的眼睛。"

阿尔戈斯是忠诚之犬的化身：经过如此漫长的岁月，它始终没有忘却它的主人，哪怕它与主人分离时是那么年幼。这种忠诚与朋友对俄底修斯的背叛形成了强烈的对比，同时也因为阿尔戈斯的猝死，这种忠诚显得更加珍贵和伟大，就好像阿尔戈斯只是为了再看俄底修斯一眼，再从容地离开。俄底修斯的情感也不是伪装出来的：毕竟当他回到家时，阿尔戈斯是第一个认出他的！

在享受了与主人重逢带来的兴奋之后，阿尔戈斯瘫倒在主人面前。（图中所示是18世纪的挂毯和19世纪的雕刻画）

　　太阳神阿波罗（Apollon）的孙子阿克特翁（Actéon）是一名出色的猎手。奥维德（Ovide）在他的著名诗篇《变形记》（Métamorphoses）中向我们讲述了他的遭遇。一天，阿克特翁无意中闯入一块不知名的森林中的圣地。因为口渴，我们这位勇士沿着一股清泉进入一个山洞。多么不幸的男人啊！他发现的清泉正是狩猎女神阿尔忒弥斯（Artémis，即罗马神话中的雅典娜）的领地。他进去时恰好女神正在沐浴。女仆们被这位不速之客吓坏了，挤挤撞撞地赶紧围住她们的女主人阿尔忒弥斯。但是一切都是徒然，阿克特翁已经瞧见了女神裸露的胴体。被不速之客所惊扰，而且是被阿克特翁这样一个普通的凡人所惊扰，阿尔忒弥斯恼羞成怒，将泉水泼到他的脸上。女神盛怒之下并没有去探究这位可怜的猎手是否故意闯入她的领地，是否真的罪无可恕，而将阿克特翁变成了一头胆小的雄鹿。身子变成雄鹿却依然保留人的思想的猎手意识到了自己的处境，非常绝望。该怎么办呢？回到父亲那儿去？他没脸去见他。逃到密林中去？可他实在是害怕。他的犹豫不决让他陷入了困境，这时他的猎犬们发现了他。这群猎犬个个身强力壮，身经百战，追逐猎物从来不知疲倦，据奥维德描述，它们奔跑起来"比疾风还快"。猎犬群中"有快若闪电的普忒黑拉斯，有着一半狼的血统的纳佩，还有叫声尖锐的伊拉克多尔"……一共三十一条猎犬追逐着它们的主人。"同一时间所有猎犬一拥而上，

当雅典娜女神沐浴时，猎人和他的猎犬群突然造访。图为《雅典娜和阿克特翁》(*Diane et Actéron*)，J. 约尔丹斯 (J. Jordaens) 于 18 世纪绘制。

锋利的犬牙刺入阿克特翁的身体。"阿克特翁挣扎着，他想要呼喊，希望他的猎犬们认出他来，但是一切都是徒然。最后，他躺倒在地，奄奄一息。当围猎结束的铃声响起时，猎犬们开始寻找它们的主人，它们高声叫着，最后直至犬吠变成了呻吟。因为找不到主人而悲伤的猎犬群经过人头马神卡戎（Chiron）的洞穴，卡戎被它们的悲伤所感动，于是为它们做了一尊阿克特翁的雕像来安慰它们。

就这样，因为女神的盛怒，一位年轻的猎人在他最忠实的动物伙伴们的撕咬中失去了生命。其实，神也有非常不公正的时候。

　　塞伯拉斯无疑是古代最负盛名的犬。它是厄喀德那（Échidna，长着女人身体、蛇尾巴的怪物）和堤丰（Typhon，半人半兽）的儿子，凯米拉（Chimère，狮头、羊身、龙尾的吐火怪物）、海德拉（l'Hydre de Lerne，七头蛇，头斩去后会再生）和尼米亚猛狮（lion de Némée，硕大无比，刀枪不入）的兄弟。作为希腊神话中冥界哈德斯宫殿不可替代的守卫者，塞伯拉斯的形象通常为拥有三只狗首、蛇尾、背部竖立着百只蛇头。它黑色的牙齿非常锋利，能直入骨髓，并能喷射一种致命的毒液。它被蛇变成的锁链拴在冥界的入口，负责守卫冥界。

　　希腊神话中的冥界分为四层：首先是俄亥伯，离人间最近的地方；接着是恶人地狱；再是关押神、巨型怪物及巨人的监狱——塔赫塔禾；最后是纯洁灵魂的幸福居住之地——爱丽舍园。塞伯拉斯就住在俄亥伯，冥河岸边的一个山洞就是它的家。它会向进入地下冥府的亡灵表示友好，同时防止任何活人闯进冥府，一旦有活人闯进来，它会毫不犹豫地将这个活人吞掉。忒修斯（Thésée）的战友——庇里托俄斯（Pirithoos）的命运便是如此。庇里托俄斯和忒修斯这两个胆大妄为的人决定要到冥府掳走冥后珀耳塞福涅（Perséphone）。冥王知道后，"逮住他俩，当场让地狱犬塞伯拉斯一口

一位希腊艺术家于公元前5世纪制作了这个双耳尖底瓮。瓮上的图案讲述的是赫拉克勒斯（Héraclès）制服了恐怖的塞伯拉斯，后者完全一副顺从的模样。

正如这幅绘于 16 世纪的意大利壁画所示，塞伯拉斯这只神奇的三头犬，它看守着冥界大门，阻止亡灵从里面出来，也防止活人进入冥界。

吞掉庇里托俄斯，而将忒修斯打入了监狱。"［见普鲁塔克（Plutarque）的《忒修斯传》（Vie de Thésée）］塞伯拉斯同样也防止任何人走出冥界，它对那些胆大妄为的人有着威慑力。当塞伯拉斯发怒时，"三只犬首同时狂吠，整个空间仿佛被它的叫声填满了，而狂吠时它口中所喷出的白沫能淹没整个田里的庄稼"。（见奥维德的《变形记》）它的职责当然还有看守冥王的宫殿。

塞伯拉斯恐怖的怪兽形象使进入地狱成了一个非常艰巨的考验，从而也吸引了众多勇士来向它挑战。于是，埃涅阿斯（Énée）在库迈女先知的陪同下，喂地狱犬吃了含有催眠草的蜂蜜饼，让它昏睡过去，从而顺利下到冥界去向特洛伊王安喀塞斯（Anchise）了解自己的命运。阿芙洛狄忒（Aphrodite）强迫普绪喀（Psyché）到冥府去破坏冥后珀耳塞福涅的美貌。普绪喀给了塞伯拉斯一块甜饼，从而顺利完成了任务。还有俄尔普斯（Orphée），他的爱人欧里迪克（Eurydice）被蛇咬死了，这位竖琴高手因为无法忍受失去爱人的痛苦，决心到冥界救回爱人。他美妙的竖琴声成功地打动了塞伯拉斯，于是他带着他的妻子回到了人间——当然，也有传说说是因为他的竖琴声使塞伯拉斯昏昏睡去，这样他才救回了他的妻子。

在这些勇士中最值得称颂的还要数将塞伯拉斯带回地面的赫拉克勒斯。赫拉克勒斯被天后赫拉（Héra）暗中施了法术而精神失常后，错杀了自己的家人。为了弥补他的罪恶，他不得不完成十二项艰巨的任务。将塞伯拉斯从地狱捉回地面便是他的最后一个任务。冥王哈德斯同意让赫拉克勒斯带走地狱犬，但提出了一个条件：不能使用任何武器。赫拉克勒斯仅凭着自己的天生神力，用胳膊勒住三头犬让它丝毫无法动弹，随后举起地狱犬，将它带到了任务指派人欧律斯透斯（Eurysthée）的面前。欧律斯透斯被赫拉克勒斯的神勇以及三头犬的凶恶吓得魂飞魄散，赶紧吩咐赫拉克勒斯将塞伯拉斯送回了它的洞穴。

进入地狱应该是赫拉克勒斯完成的十二项任务中最艰巨的一项，因为在这次任务中，他面对的是塞伯拉斯地狱犬所代表的死亡。在施展他的神力之前，他必须克服自己对死亡的恐惧。塞伯拉斯同样也是这种恐惧的化身，因为它守卫在一个我们永远都无法从那里再回来的世界的边界。一只长着蛇尾的三头狗的形象表明它令人生畏的守卫者的身份，同样也代表了与冥界相连的所有的恐惧感。

塞伯拉斯应该至今还在看守着冥界大门，即使在当今法语的日常用语中，"塞伯拉斯"的意思已经变为"强硬厉害的看门人"。

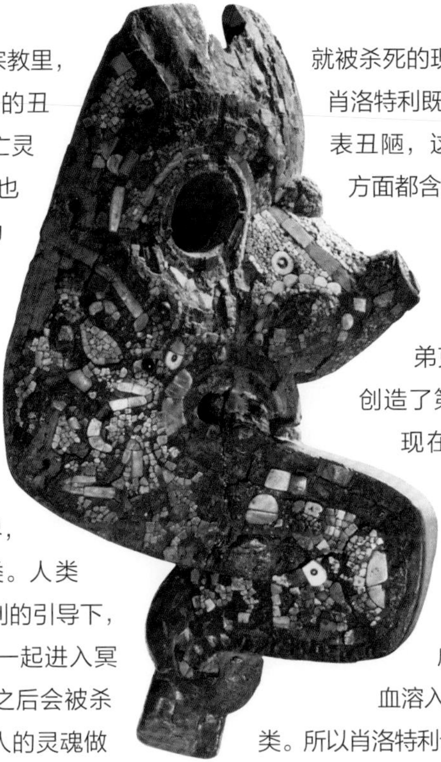

在阿兹特克人的宗教里，肖洛特利是长着狗头的丑陋的神灵，他负责将亡灵带往冥界的第九层，也就是阿兹特克人称为肖克美奇朗的地方。事实上，阿兹特克人认为冥界是一个垂直的空间，是由十三层空间一层一层叠加而成。其中第九层是一个全白世界，专门收容逝去的人类。人类去世之后，在肖洛特利的引导下，和其饲养的狗的灵魂一起进入冥界。狗在其主人去世之后会被杀死，让它的灵魂与主人的灵魂做伴。而对于那些生前没有犬类伙伴的死者，冥界专门饲养了一些与太阳同色的狗，它们将陪同他们进入冥界。

这样两种类型的狗的存在令人联想起肖洛特利的身世，它是双生子之一，有一个双胞胎兄弟名叫克查尔科亚特尔（Quetzalcóatl）。双胎妊娠标示出它的双重性。对于阿兹特克人来说，双胞胎令人害怕，因此双胞胎中的一个孩子在出生时就被杀死的现象并不少见。所以，肖洛特利既有双胞胎兄弟，又外表丑陋，这并不是偶然，这两方面都含有令人恐惧的因素。

然而，双生子也会产生正能量。肖洛特利和他的双胞胎兄弟克查尔科亚特尔一起创造了第五种人种，也就是现在的人类。羽蛇神克查尔科亚特尔寻回旧人类的遗骨，但是遗骨却碎掉了。于是他们将碎骨磨成粉末，并将他们的血溶入骨灰中创造了新的人类。所以肖洛特利也是创造和再生之神，他每天追逐着太阳，直到太阳落山。

这就是肖洛特利的双面性：令人生畏的神灵，同时也是追随太阳的珍贵向导和人类前往冥界的珍贵向导。

在阿兹特克人的宗教中，肖洛特利是长着狗头的丑陋的神灵。他陪伴亡灵进入冥界。图中所示是阿兹特克人的面具。

　　吉纳福尔（Guinefort）是一只年轻的猎兔犬，有些人说它只有五个月，也有人说它已经一岁了。它的名字 Guinefort 是来自法语动词 guigner，意为摇尾巴，也就是犬类喜欢做的动作。

　　一天，吉纳福尔的主人，领主夫妇将它独自留在他们在东贝地区纳维尔村附近的城堡里。它的任务就是看护家里最小的孩子。经过狩猎训练的它嗅觉非常灵敏，嗅到了一位"不速之客"：一条蛇爬进了宝宝的卧室，正朝摇篮爬去。吉纳福尔向蛇发起攻击，经过一场恶斗之后，猎犬终于获胜。这场打斗的激烈程度显而易见：到处都是打斗的痕迹，摇篮被掀翻，蛇的血溅在宝宝身上。这样的场景很容易让人误会，所以当吉纳福尔的主人回来时，他

长时间来，猎兔犬都是贵族和领主们钟爱的犬种，是他们打猎活动的重要参与者。图中所示是一幅 18 世纪意大利的壁画。

认为自己的孩子死了，而吉纳福尔便是凶手——主人被当时惨烈的场景蒙蔽了眼睛。既悲伤又气愤的主人处决了吉纳福尔。然后，当宝宝苏醒过来，有人发现了蛇的尸体，这时主人才明白自己错了！他将吉纳福尔的尸体放入他领地的一口井之中，将井封死，然后在井旁边种了一棵树来纪念它。当然，相对于吉纳福尔的勇敢来说，他所表现出来的敬意是多么的微不足道啊！不久，他的城堡被毁，很多人都说那是"神的旨意"。不幸的吉纳福尔的故事在整个法国传颂开来。开始时人们当它为烈犬，后来尊它为圣灵。慢慢地，人们开始到它被埋葬的地方去膜拜它。女人们会带她们生病的孩子到井边，她们相信，一只因为保护新生儿而牺牲的狗能够治愈她们的子女。

我们并不知道吉纳福尔的故事发生的具体时间，但我们知道，1250 年时教会中刮起了一股崇拜吉纳福尔的热潮。因此，多明我会的修士、宗教裁判所法官艾蒂安·德·波旁（Étienne de Bourdon）专门来到东贝地区。

他下令禁止一切与吉纳福尔有关的宗教活动，并派人挖出这只狗的残骸然后进行火化。周边的小树林甚至都被伐平了。然而，教会这样做显然白费力气，人们对圣吉纳福尔的崇拜已经根深蒂固，并将持久不衰，在法国东部和瑞士传播开来。人们认为圣吉纳福尔还具有其他神力，例如能让人由柔弱变得强壮，能帮助人获取爱情。据说，当时被摧毁的树林又重新恢复

名叫吉纳福尔的猎兔犬的故事表现出了这只狗的诸多优点：忠诚及勇敢。图中所示是一幅制作于 1852 年的版画。

23

了生机。最后，束手无策的教会只好宣布对圣吉纳福尔的膜拜合法化了。

如果对于圣吉纳福尔的膜拜的宗教仪式经证实确实存在的话，那么极有可能这只狗只是虚构出来的。但不管这只狗是否真实存在，民众对这只狗的崇拜是大众信仰的表现，教会急于想压制这种信仰，却又没有能力去压制它。按照某些迷信说法，杀死一只狗的行为会导致非常严重的后果。吉纳福尔的主人的城堡的倒塌就是很好的证明。这样的迷信一直流传到17世纪："如果杀死一条狗，那么厄运要么会降临到杀死这条狗的人身上，要么会降临到他同屋人的身上。"因此，人们对圣吉纳福尔的崇拜表现出了人们对正义战胜邪恶的颂扬，蛇代表邪恶，吉纳福尔则代表正义。这种崇拜赋予了吉纳福尔诸多美德，如忠诚、奉献，还赋予了它治疗疾病的能力。

英勇的吉纳福尔实际上属于一种猎兔犬。这种犬种在中世纪时大受贵族的喜爱，热衷于打猎的贵族们总是带着猎兔犬去打猎。猎兔犬代表了贵族引以为豪的骑士般的所有美德。所以，那个时代大人物的墓葬雕塑脚下或其坟墓上都摆放着很多猎兔犬的雕像。领主处决了他的猎兔犬，因此成了一个失德之人，而且他的处决是不公正的。然而这只猎兔犬却获重生，成了人们膜拜的对象。井边那棵树的重新发芽和树下灌木丛的重新生长同样也揭示了这种重生。吉纳福尔的形象经过神化后，继续忠诚于人类，为人类治疗疾病。

一只母鹬实在太天真，将自己的窝暴露给了狐狸，狐狸就趁机把它的孩子们都吞进了肚子。于是母鹬决定去找西波隆（Cippone）为它的孩子们报仇，惩罚这只阴险的狐狸。西波隆是一条流浪的老狗，没有人给它喂食，平时都是自己觅食。母鹬答应它，如果它帮忙惩罚了狐狸，那么就让它饱餐一顿。这时的母鹬可比把藏身之处暴露给狐狸那时聪明多了，她假装跛着脚在一个牧羊人双腿间跳来跳去。扛着奶酪筐子的牧羊人想要抓住它，于是把筐子放在了一边。这时西波隆趁机过来美餐了一顿，但它实在是太贪吃了，最后撑得都有点走不动了……过了一会儿，母鹬又故伎重施，让一个农妇丢掉了一瓶油，而西波隆只需要俯身去喝就行了。

吃饱喝足之后，接下来，复仇的时刻到了……母鹬到狐狸跟前喊着："狐狸大姐，狐狸大姐，西波隆死了！"而老西波隆真的卧倒在地上，张着嘴巴，一动不动。开始狐狸不相信。于是母鹬去啄狗嘴里残留的奶酪屑，狗还是一动不动。这时狐狸

才深信不疑，放心靠近西波隆。据洛赫雅尼村的一位女说书人讲述，"当狗发现狐狸靠近它时，它便嗷的一口咬住了狐狸。"小母鹬终于报了仇，狡猾的狐狸也得到了应有的惩罚。

在这个科西嘉的传说故事中，我们注意到科西嘉地区独有的传统风貌：牧民进山放牧的习俗，还有在山里制作羊奶干酪的孤独的牧羊人。当然除了这种典型的地方风貌外，西波隆的故事还向我们展示了一个既诚实（它履行了自己的诺言）又单纯（吃饱喝足对于它来说就满足了），而且比狐狸还要聪明的动物。当然狐狸被狗袭击的场景非常罕见，这只是讲故事而已……

如同传说故事中一样，狗为人类提供必要的帮助，并已经成为科西嘉农民日常生活中必不可少的一分子。

1764 年，法国奥弗涅大地区热沃当的居民都躲藏着不敢外出。从那年 6 月开始，这个地区就陆续有孩童、妇女被一只嗜血成性的怪兽杀害。据当时的报纸报道，这只怪兽长着"异常庞大的脑袋，长长的类似于牛头，但口鼻部则像猎兔犬；红棕色的毛，背上有黑色条纹，前胸宽厚且长着灰色的毛，前腿略短，尾巴异乎寻常地又长又大，而且尾毛浓密"。

杜阿梅尔（Duhamel）上尉组织了捕捉怪兽的行动。他们杀死了 64 头狼，但都不是那头怪兽。1765 年是遇害者最多的一年，他们遇害的地点不尽相同，有时候甚至相隔得非常远。这怪兽似乎无处不在，而且人们也不知道长相恐怖的它到底是什么动物，所以恐惧在民众中蔓延开来。连当时著名的捕狼专家戴纳沃（Denneval）都无能为力。于是国王路易十五指派自己猎队的中尉安托万·德·波特纳（Antoine de Beauterne）亲自指挥捕捉行动。1765 年 9 月，安托万杀死了一头巨狼，这头狼被制成标本，摆放在宫廷里供国王和贵族观看。这之后直到 1766 年 3 月都再没有人遇害的消息，正当人们以为噩梦就此结束的时候，怪兽吃人的噩耗又不断传来。最后，1767 年 6 月 19 日这一天，当地猎人让·沙泰尔（Jean Chastel）才真正杀死了这头怪兽。

热沃当怪兽到底是什么动物？是一只狼？在热沃当地区，狼的数量并不少，而被沙泰尔杀死的怪兽的确有着和狼一样的下颌。或是一只饥饿的巨型马丁犬？18 世纪时流浪狗随处可见。如果是狼群或狗群，那么遇害地点相隔甚远这一点倒可以理解。但是狼或狗它们可能割掉受害人的头颅吗？这种反常做法难道不是某个精神失常的人所为？是某个人杀死了那些受害者，或者他指使别人或动物去行凶？据说某个名叫让·沙泰尔的人从欧洲带回一只鬣狗。发疯的他有可能训练鬣狗来杀人……总之传说中的热沃当怪兽成了一只有着超能力的怪物，并且怪兽之谜至今都无法解开……

德·波特纳杀死了怪兽；但这一切都是假象，人们错误地将这位中尉当成了英雄，因为怪兽的袭击并未停止。图中所示是一幅 1765 年的版画。

中世纪时，狩猎是与打仗或谈情说爱同等重要的活动。它能充分体现领主们的骑士才能，而且领主们认为狩猎让人的身体和心灵都得以净化：一个忙于打猎的人能够远离色欲、贪念或妒忌。贵族对狩猎的这种热情造就了多部专门论述狩猎术的著作，其中最精彩的要数加斯东·腓比斯（Gaston Phébus）撰写的《狩猎之书》（Livre de la chasse）。

加斯东三世（也被称为腓比斯），即富瓦（Foix）伯爵和贝亚恩（Béarn）子爵，出生于1331年，并于1343年继承他父亲的爵位。根据他的领地的地理位置，他同时依附于法国国王和英国国王。1345年即英法百年战争期间，他带兵与英军抗争，从而与法国国王交好。在他逝世之前，

他与法国国王查理六世签署了一份秘密协定，将他所有的财产都出售给了法国国王。

《狩猎之书》的撰写始于1387年，完成于1388年或1389年。然而在腓比斯逝世之后，这部著作才闻名于世，因为他的手稿在15世纪和16世纪时被加入了很多小彩画装饰，使这部书更加精彩和吸引人。作品的灵感源于腓比斯平时狩猎的经验以及以前的狩猎术论著。富瓦伯爵为我们呈献了一部叙述清晰、专门传授狩猎术的教学论著，作者的目的无疑是想教授我们如何带领猎犬去狩猎。

作品第一部分向我们描绘了猎物的种类，第二部分则是关于猎犬的介绍，第三部分论述了带猎犬狩猎的新手们可以借鉴的犬猎方法，而最后一部分分为四小部分，是作者对不同的狩猎方式的研究：如何猎雄鹿，猎斑鹿，带枪狩猎及用捕猎网狩猎。

作品第二部分题为"从狗的天性到后期的训练"。在这一部分，腓比斯首先介绍了犬类易患的疾病及其治疗方法。我们

这幅小彩画绘制于15世纪，画中，坐在心爱的猎犬们中间的加斯东·腓比斯正在给他的犬猎队队员们发号施令。

会发现有些治疗方法非常奇特。例如，让一只公鸡去吸走狗身上感染了狂犬病毒的伤口处的病毒，那么这只狗便会痊愈！

接着，腓比斯向我们描述了不同种类的狗。大丹犬"头大且短"，撕咬起来比猎兔犬厉害；猎兔犬"温顺、整洁、友好、令人愉悦，天生体态优雅"，能攻击任何猎物；马丁犬和大丹犬杂交之后的后代非常适合猎野猪。如果要想狩猎成功，那么这三种狗都是必不可少的。腓比斯重点描述了围捕猎物的追逐猎犬。他认为，追逐猎犬必须身肥体壮，头大且口鼻部修长。因为腓比斯的介绍，人们对这些"能给我们带来最大欢乐"的犬类产生了浓厚的兴趣。腓比斯认为，所有这些狗的优良品质来自它们的本性，父母的遗传，同样也需要后天好的训练。毋庸置疑，加斯东·腓比斯的《狩猎之书》凭借着精湛的文字、优美的插图，已经不仅是一部犬猎术论著，更是一本美妙的艺术之书。

"狩猎时，好的猎兔犬一旦被放出，就应该跑得快得能追上任何猎物。"——加斯东·腓比斯语录。

加斯东·腓比斯所撰之书的系列版本均配上了大量的小彩画装饰，彩画常以狩猎者和狩猎时不可或缺的猎犬为主题。

爱俏的亨利三世喜欢用珠宝和漂亮的服装打扮自己，他的小狗们也经过精心打扮，衬托着国王的优雅。

法国国王亨利三世（1551—1589）从来都没有对狩猎表现出强烈的爱好。他的爱好是比尔博凯特[①]、圣像剪贴画和小宠物狗。因为亨利三世最喜欢收到小狗作礼物，所以有时候，他甚至会强迫他的客人将他们的宠物狗送给他。当然他也会自己去搜寻。皮埃尔·德·莱斯图瓦勒（Pierre de L'estoile）确实提到过："国王和王后坐着马车穿过巴黎的大街小巷，看到他们喜欢的小狗就抱走；他们同样也会去巴黎近郊的女子修道院寻觅小狗，最后只剩下狗的主人修女们暗自伤心落泪。"

这位法国国王多次将狗当作礼物送给当时的高层人物。他为了向威尼斯大使里博马洛（Lippomano）"表示敬意"，送给大使"一只非常漂亮、非常讨人喜欢的狗"。

国王大部分时间都和他的狗在一起，狗几乎不离他左右。他和他的宠物狗一同入眠，甚至做弥撒时也带着它们。苏利公爵（Sully）这样描绘亨利三世："头上戴着小直筒高帽，肩膀上披着披肩，腰侧佩戴着宝剑，脖子上用宽丝带挂着一个装满小狗的篮子。"爱打扮的亨利三世钟情于漂亮的服装和珠宝；他的小宠物狗也被他作为衬托其优雅的配饰，从而掀起了一股时尚风潮。宫廷里的夫人们均痴迷这样的小狗，并称这种小狗为"达莫亥（dameret）"。

亨利三世宠爱的这些小狗属于马耳他犬或里昂

---

① 比尔博凯特，bilboquet，又称杯和球，起源于11世纪，是深受法国人喜爱的运动。——译者注

犬，也就是后来被称为比熊犬的犬种，但历史学家德杜（de Thou）认为，这些狗并不一定是马耳他犬或比熊犬。"比熊犬"指的是一种小型宠物犬，毛或长或短，卷曲或光滑。因此很难确定亨利三世的狗是属于马耳他犬或比熊犬的品种。既然博洛尼亚比熊犬深受意大利梅迪西斯家族的喜爱，那么有可能凯瑟琳·德·梅迪西斯（Catherine de Médicis，亨利三世的母亲）将其带入了法国宫廷。而卷毛比熊犬是在弗朗索瓦一世统治时期传入法国的，某些人认为亨利三世的宠物狗就是这种卷毛比熊犬。无论亨利三世的狗是哪一种品种，我们可以肯定的是他对小型白毛犬的狂热，而在众多宠物狗中，莉莉娜则是他的最爱。据说，1589 年 6 月 31 日，当多明我会修士雅克·克雷蒙（Jacques Clément）被领到亨利三世面前时，莉莉娜突然对他狂吠。国王非常惊讶，将莉莉娜关起来。这之后克雷蒙用匕首刺向国王，几个小时后国王不治而亡。

图中一只猎兔犬站在亨利三世身旁，但实际上他痴迷的是白色的比熊犬，比熊犬常忠心地尾随其后。

1572 年的荷兰正处于西班牙的殖民统治之下。反对加收新赋税的抗争比比皆是，人民处于饥荒之中，国家独立的思想应运而生。

1572 年 9 月 11 日的晚上，路易·德·纳索（Louis de Nassau）的军队在抵抗西班牙人的战斗中被阿尔布公爵（duc d'Albe）困在比利时的蒙斯。纪尧姆·德·奥朗热（Guillaume d'Orange）带兵来帮助他哥哥路易，驻扎在距蒙斯不远的地方。如果这两支队伍会合必然会给西班牙军队带来很大的威胁。于是，朱利安·罗梅罗（Julian Romero）率领 600 名火枪手准备突袭纪尧姆的营地。纪尧姆军队的哨兵都被狡猾的敌人骗了，根本就没有察觉敌人的到来。在紧要关头，纪尧姆的白色哈巴犬蓬拜向主人发出了警报。它用爪子挠床脚，大声叫着，跳到主人的脸上，想方设法叫醒主人。纪尧姆·德·奥朗热醒来后成功逃脱了。

有人说蓬拜是一只长毛垂耳犬。这可能是蓬拜的被毛颜色让某些人误会了。事实上，虽然现代哈巴犬的被毛颜色要么是全黑，要么是浅黄褐色，而脸部为黑色，但在 16—17 世纪时，白色的哈巴犬是存在的，所以白色的小狗并不一定是长毛垂耳犬。而且，奥朗热 - 纳索家族（Orange-Nassau）长期以来对哈巴犬情有独钟，这一点似乎可以证明纪尧姆的"救命恩人"就是属于这种犬种。直到 17 世纪，纪尧姆三世的统治时期，哈巴犬都生活在荷兰宫廷，而且这种狗在 16 世纪时由荷兰商人带入欧洲。哈巴犬蓬拜的故事确实让这种长相滑稽的犬种流行起来。

纪尧姆的陵墓里没有哈巴犬蓬拜的塑像，但有很多人带着他们的爱犬前来陵墓祭奠。图为 1656 年 G. 德·维特（G. De Witte）的油画。

如果我们相信蓬拜的传说，那么蓬拜似乎是一条哈巴犬，从那以后，奥朗热 - 纳索家族非常钟情于这种狗。

31

　　17世纪，狩猎已经从生存必需演变成娱乐活动——领主们必须要防御野兽袭击的时代已经一去不复返了。法兰西岛上森林里的野生动物几乎绝迹，因此建立专门的动物狩猎区变得非常必要。1678年，路易十四下令将凡尔赛园扩建；1685年，扩建后的养雉场平均可容纳2000只雉和5000只山鹑。而由围墙封闭起来的大型公园里面，则养着大型动物。要知道当时一天之内可以猎捕250头动物，这说明大力饲养这些动物的工作并没有白费。

　　路易十四对狩猎真的是非常狂热。他一周至少进行三次围猎，有时候甚至每天下午都会去打猎，这样的习惯一直持续到1700年。1700年，路易十四已经62岁。我们自然可以想象得到身体的条件使他不得不放弃了每天去打猎的习惯。尽管他工作时非常严格谨慎，但因为要去狩猎而推迟会议的情况偶尔也会发生。

　　皇室狩猎总有着奢华的排场、庞大的随从，但路易十四认为狩猎是一种消遣放松，所以他从不强迫人参加。路易十四不太喜欢带隼和鸢去狩猎，1685年他关闭了诺瓦西勒鲁瓦（Noisy-le-Roi）的鸢园。相比之下，他更偏好于带猎狗追捕猎物或用枪射击猎物，尤其是猎捕山鹑。为此他于1685年

此画由亚历山大-弗朗索瓦·戴斯博尔特（A. F. Desportes）绘制。画中是塔娜——路易十四的爱犬。它俯着身子站在两只山鹑面前，一动不动，似乎下一刻，它便准备一跃而起朝猎物扑过去。

路易十四在马尔利进行围猎。远处是古老的圣日耳曼城堡。此画由皮埃尔-德尼斯·马丁（P.-D. Martin）绘制。

命人在凡尔赛修建了一座大型的养犬场，据说那是欧洲最美的养犬场。

国王和王子们的猎犬加起来总共约有 1000 只。1683 年，国王在枫丹白露森林（Fontainebleau）狩猎时胳膊受伤了。从此，国王打猎时便改成乘坐四匹马拉的轻便马车。

皇家猎犬队成员众多，很难将它们一个个区分开来。为了和某些猎犬更加亲密，路易十四命人修建了一间国王犬舍，就在议院旁边。虽然国王禁止猎犬进入凡尔赛宫，但他平时会亲自照顾七八只母猎犬，喂它们吃的，和它们说话，抚摸它们。当时流行小团队为单位的枪猎，而这种狩猎形式拉近了猎人和猎犬之间的关系，不像围猎，放一大群猎犬去追捕猎物，主人和猎犬根本无法亲密接触和熟悉。

画中，幼年时期的路易十四正在练习训隼术，这样的练习同样也需要利用猎犬。图为近1647年，由让·德·圣依尼（J. de Saint-Igny）绘制的路易十四的肖像画。

路易十四喜爱的母猎犬们都属于狩猎犬，他为它们都赐了名字，并命动物画家戴斯博尔特为它们画像，使人们能永久记得它们。塔娜、波娜、诺娜、珀娜、芙勒、米特、戴安娜或布隆德，它们每只猎犬都佩戴着一条项链，项链内侧刻有"我属于国王"的字样。这些戴有项链的猎犬无论哪一只迷路或逃跑，而你没能将它带回，那么你就犯有谋害君主罪！它们都是小体型的母狗，身形修长，白色的底毛上有褐色或浅黄褐色的斑纹，大多数都是短毛犬。萨尔瓦多里（Salvadori）在他的著作《（法国）旧制度下的狩猎》（*La Chasse sous l'Ancien Régime*）中告诉我们：那个时代，白毛犬代表着"嗅觉灵敏、素质优良的优秀猎犬"。

路易十四特别喜欢狩猎犬，然而那个年代人们更偏好那种纯种、能追捕并咬死猎物的追逐猎犬。狩猎犬，因为它们是杂交犬，它们的职责只是寻回被猎杀的猎物，所以没那么受欢迎，但对于狩猎来说，它们同样非常重要。

有一天，国王兴致勃勃地唱起歌来，歌中他用第三人称称呼他自己：

> 会议在他眼中如同空设
> 他一看见他的猎犬，他就放下一切
> 什么都无法阻止他
> 当好天气召唤他时。

1701 年，路易十四的长弟逝世。他 50 多岁的妻子帕拉迪娜公主（Princesse Palatine）一直渴望着宁静的生活，而丈夫的过世让她终于摆脱了宫廷繁文缛节的束缚。事实上，她每天的生活就是在她的房间里读读写写，她的长毛垂耳犬们围绕在她身边陪伴她。成为寡妇后，她养了更多的狗。长毛垂耳犬是她最爱的犬种。"在法国，我找不到比这种犬更优良的品种了，这就是我为什么如此喜爱它们的原因。"她写道。她所有的狗都来自同一家族，其中有芭蒂娜、夏米尔、宫达斯（绰号"裙子"，因为它是在它女主人的裙子上出生的）、迪耶特（笨得最后被人诱拐后失踪），等等。帕拉迪娜公主十分宠爱它们，她甚至花费大量的资金购买烤火木材，为坐月子的母狗提供最舒适的环境。

在所有的母狗中，米欧娜是她的最爱。帕拉迪娜公主说它非常聪明，因为它有着几乎和人类一样的姿态。公主在一封信中 [贝尔翰（Berheim）在其《名犬的生活》（Vie des chiens）一书中提到了这封信] 讲述了米欧娜的逸事：当米欧娜面对一只鹦鹉时，它害怕得逃走并躲了起来，这不正是一位贵族小姐有可能做出的行为吗？

后来米欧娜的死真的让公主非常的痛苦："失去我的最爱，令我如此痛苦，我愿用我所有的狗去换米欧娜的重生！"

后来，公主将她对米欧娜的爱转移到迪迪身上，迪迪喜欢在帕拉迪娜公主书写的信件上跳来跳去。即使信件被迪迪沾上墨水印，公主也不在意，信就这样被寄出去了。当公主在书房时，她的小狗们都各就各位：拉熙尔在她身后，趴在椅子上；迪迪在书桌上；米勒和米耶特蜷缩在她裙子下面，脚的旁边；夏尔米翁在她旁边的椅子上；思多普迪尔在对面的椅子上；夏尔芒特趴在她裙子上面；而夏米尔则偎在她臂弯下。

公主写道："如果我死后到另一个世界，在那里我不仅能和我的亲朋好友团聚，而我的小狗们也能陪伴在我身边，我将非常开心幸福。"

帕拉迪娜公主自小就喜欢长毛垂耳犬，这些狗常伴其左右。画中是 15 岁时的帕拉迪娜公主。

宫廷犬▶比西 │ 谨言慎行的比西

1741 年 4 月 10 日,莫尔维茨（Mollwitz）会战的形势似乎对普鲁士人非常不利。奥地利军队已经攻破了他们的第一防线,并继续突破前进,普鲁士防线完全被他们瓦解。在敌人的节节逼近下,普鲁士国王腓特烈二世决定逃跑。他带着一小队人马和他忠实的猎兔狗比西准备离开战场。然而,奥军近在咫尺。为了躲避他们,腓特烈二世躲到了桥下。出于本能,比西感觉到了危机,和它的主人一样一动不动,一声不吭。它的安静解救了腓特烈二世:这样他才没有被从桥上经过的奥军发现,从而成功逃脱了。

国王爱狗,而他对比西更是特别宠爱。他指派一个仆人专门伺候比西,对比西以"您"相称,并尊称它为"小姐"。当 1745 年普鲁士军营被敌人包围,比西被纳道什迪（Nadasdy）掳走。腓特烈二世不惜任何代价都要换回比西:他跟对方签署了一份条约,条约中专门有一条注明归还比西。据说,当比西死时,他还痛哭流涕。

除了比西,腓特烈二世还养有其他狗,无论他处于什么境遇中,他都非常爱护它们。七年战争期间,约 1760 年末的一天晚上,当阿尔让侯爵（marquis d'Argens）闯入国王的卧室突袭他时,他正在给他心爱的狗喂食。显然,战争期间,当敌对阵营在琢磨他的战略意图时,他却在和爱犬嬉戏消遣。

弥留之际的腓特烈二世仍然关心着趴在他腿上的一只小猎兔犬。他看到它冷得发抖,便要仆人为它盖上毛毯。两小时后,国王永远离开了人世。腓特烈二世最后被埋葬在波茨坦驻地的家族陵墓里、他父亲的墓的旁边。然而他的内心深处恐怕是希望被葬在无忧城堡里,和他的爱犬们永远在一起吧。

这幅画像上的普鲁士国王腓特烈二世年迈而重听,但他仍然关心着他的爱犬们。

宫廷犬▶汤姆·安德森 ┃ 一家族的猎兔犬

画家朗比笔下的俄国女皇凯瑟琳二世。

女皇常常不带随从、穿着简单地和她的猎兔犬散步。

"我过去就一直喜欢动物。动物比我们想象中要聪明得多。"凯瑟琳二世，即凯瑟琳大帝在她的书信中如是写道。因此，在这位俄国女皇 1762 年至 1796 年在位期间，她身边总少不了猎兔犬的身影。

尽管女皇日常要处理国家的政治事务，但她每天都会抽时间来照料她的小狗们。每天小狗们和女皇共用早餐。等它们吃完饼干、糖和奶油后，女皇会带它们去散步。即使长时间投入工作，她也不会和她的爱犬分开。每年夏季，凯瑟琳二世会前往地处圣彼得堡郊外的沙皇村中的夏日行宫。在那里，每个清晨她都会带着她的爱犬们到花园散步。几乎有一家族的猎兔犬在女皇有生之年陪伴着她。"整个家族的族长是汤姆·安德森爵士，还有他的夫人安德森爵士夫人，以及他们的孩子们：小安德森女爵士、安德森先生和汤姆·汤姆森。"汤姆·安德森就像一位真正的国王那样妻妾成群。"汤姆·安德森爵士娶了咪咪小姐作为他的第二任妻子，婚后咪咪小姐便改名为咪咪·安德森。但至今他们还没有子嗣。除了这些合法的婚姻关系外，汤姆先生还有好几个情妇……"

猎兔犬们做的傻事常常让凯瑟琳大帝开心不已。安德森爵士夫人的墓志铭是这样写的："安德森爵士夫人长眠于此。她咬了罗杰森先生。"对于墓志铭里提到的罗杰森来说，这个玩笑并不好笑，但却让凯瑟琳二世从中找到了乐趣。

宫廷犬▶达西 | 女王唯一的朋友

儿时的维多利亚，英国未来的女王，其实非常孤独。她母亲肯特（Kent）公爵夫人和她的参赞约翰·孔鲁瓦（John Conroy）公爵不让她与别的小孩接触。她满10岁时唯一的朋友只是她的娃娃。达西是一只黑色的小查理王犬，1833年1月14日约翰·孔鲁瓦公爵将此狗进献给肯特公爵夫人。14岁的维多利亚一见到它就决定收养它。魏因特劳什（Weintrauch）在《维多利亚女王背后的故事》（*Victoria intime*）中描述道：维多利亚唤它"亲爱的可爱的小达西"，并给它穿上"鲜红的衣服和蓝色的裤子"。达西守护着维多利亚的卧室，当她生病时，晚上达西就在她身边守护她。1838年6月28日是维多利亚女王的加冕之日，那天，当五个小时枯燥乏味的加冕仪式一结束，女王就赶去给达西洗澡了。当女王和首相墨尔本（Melbourne）勋爵密谈时，达西也在场，还会舔舔首相大人的手。1840年，达西在温莎去世，它的纪念碑上写着："它的情感大公无私。它虽然贪玩但天真无邪。它的忠诚毫无虚假。"

作为一位资深的爱犬人士，维多利亚资助了一个反对虐待动物的协会，这个协会在1840年成为皇家协会。维多利亚女王在她温莎的犬场养了100多只狗，其中比较受她宠爱的一些狗可以进入她的住所。继忠诚的小达西之后，斯凯梗犬伊斯莱、苏格兰梗犬拉蒂成了女王的新宠。

1901年1月22日，在一只波美拉尼亚狐犬陪伴下，维多利亚女王离开了人世。

维多利亚女王的爱犬们不仅"出席"部长会议、议案通过会议，而且在贵族夫人们的下午茶时间也能看到它们的身影。

亚历山大大帝把他的马——比塞法勒当作忠实的伙伴，他同样也非常喜爱一只名叫佩里达斯的狗。老普林尼（Pline l'Ancien）说这只狗是由阿尔巴尼亚国王当礼物赠予亚历山大大帝的；而希腊历史学家塞奥彭普斯（Théopompe）则认为是亚历山大大帝自己购买的这只狗。但无论如何，他们俩都同意佩里达斯是一只能力超群、模样非同一般的狗。其实，阿尔巴尼亚国王在将佩里达斯赠予亚历山大之前，曾将佩里达斯的哥哥送给了亚历山大。亚历山大放出熊、野猪，还有黄鹿来测试佩里达斯哥哥的实力，然而这只狗却似乎对这些猎物丝毫不感兴趣，纹丝不动。"这狗长着这样庞大的身躯，却如此软弱！这样的狗怎么能配得上我征服者高贵而英勇的灵魂呢？"于是亚历山大下令将佩里达斯的哥哥杀掉，而阿尔巴尼亚国王闻讯又将佩里达斯送给了他。阿尔巴尼亚国王告诉他，佩里达斯非常清楚自己的实力，无论是野猪还是熊，它都不屑一顾，所以压根不会去攻击它们。但如果它面对的是狮子或大象，情况就完全不同了。亚历山大立即命人将狮子带到佩里达斯面前，他欣喜地看到佩里达斯将狮子撕成了碎片。接着是大象。当佩里达斯看到大象，毛发竖

亚历山大和他能力超群的狗正在并肩战斗，一个奴隶力图牵制住他。[皮热（Puget）于1693年制作的浅浮雕]

起的它对着大象愤怒地狂吠，发起了进攻。它让大象不停地转来转去，它不时躲避着大象用鼻子或其他部位进行的攻击，最终，头晕目眩的大象轰然倒地。

为了向这只如此英勇的狗致敬，亚历山大用它的名字为一座城市命名，也就是离印度拉贾布尔100公里远、现在名为乌滋（Ucch）的那座城市。

犬类长期以来都承担着为人类看家护院的任务。罗马帝国统治时期犬类已经完全被驯化。事实上，狗在那个年代不仅是人类打猎时的得力助手，而且已经为主人看家护院。罗马人住所门口处的镶嵌画向我们清晰地表明了那个时候犬类的职责，镶嵌画上通常是一只准备跳起的狗，并注有 Cave canem 的字样（意思是"小心犬只"）。这种镶嵌画具有威慑的作用，应该可以被看作是现在写有"小心，内有恶狗"的警示牌的前身。而且，狗是古罗马保护家宅的神灵之一，因为它保护着主人的住所不受恶人和恶神的侵犯。

看护住宅的动物标示着住宅主人的社会地位。罗马大贵族们拥有来自印度或日耳曼的莫洛斯犬来守门，而普通百姓没有能力买狗，只有让鹅来看家。

犬类同样也守护着城市。公元前431—前404年，希腊的两个城邦斯巴达和雅典因为种种利益卷入了战争。一天晚上，雅典人突袭斯巴达的阿克罗科林斯，是50只护卫犬守卫了阿克罗科林斯，其中49只在战斗中英勇牺牲，只有一只护卫犬幸存下来，后来人们给它起名为"索特"，并奖励它一个银项圈。

然而犬类也有玩忽职守的时候。大约在公元前

画中是一只可怕的看门犬，龇牙咧嘴，已经跃起，但仍然被绳子牵着……这是一幅公元2—3世纪的镶嵌画。

一只黑色的狗守在住宅的门口：这是一种威慑擅入者的有效方式。这是一幅发现于庞贝的镶嵌画。

390 年，凯尔特人夜袭罗马城，守护卡比托利欧的狗被轻而易举地驯服了：敌人丢给它们一大堆肉酱，凶猛的看门狗顿时变得和绵羊一样温柔。最后还是圣鹅们向罗马人发出了警告，叫醒了他们。后来，为了纪念这次事件，每年人们都会用一只狗来祭神，作为对犬类的惩罚，惩罚它们因贪吃而忘记了自己作为看守者的职责。

　　守卫在住宅门口的犬类保护着主人的私人领域不受侵犯。犬类所处位置正好在两个不同领域（即主人的私人领域和外界）之间，它的职责是阻止不受欢迎的人进入主人的私人领域。这一点其实在神话中也有体现：塞伯拉斯，它不也正好身处人间和地狱这两个世界的边界吗？

奥布里·德·蒙迪迪耶（Aubry de Montdidier）是一名效忠于法国国王查理五世的英勇骑士。皇家卫队的弓箭手马卡尔（Macaire）一直嫉妒他的地位。一天，当奥布里从宫廷出来准备回自己府邸，途经邦迪森林时，不想遭马卡尔伏击而死，并被马卡尔埋在了森林里。马卡尔自以为神不知鬼不觉，然而却有一个"证人"亲眼目睹了他的罪行，那就是奥布里的狗，偶尔它也被叫作蒙塔日犬，是一只猎兔犬。开始时，这只猎兔犬一直守在奥布里被埋葬的地方，后来饥饿难忍的它回到巴黎找到主人的朋友们，主人的朋友们便喂给它食物。它一吃饱就立刻回到奥布里埋葬的地方，继续看守。奥布里的朋友们见这只狗来来去去，非常好奇，于是随它来到了邦迪森林，并挖出了奥布里的尸体。关于这件逸事，加斯东·腓比斯在他的《狩猎之书》中却有另外一种说法：奥布里的狗经常来皇家宴会上觅食，国王发现了这只狗，觉得非常诡异，于是派人跟随它，最后发现了奥布里的尸体。

谋杀罪行已昭示天下，世人却仍然不知道凶手是谁。奥布里的狗返回宫廷再次遇见马卡尔时，一眼就认出了他；它每次一见到马卡尔就扑上去，对他又叫又咬，

无论关于奥布里的狗的故事是传说还是事实，艺术家以此为主题制作了不少的版画，例如上图。

如此一来引起了大家的猜疑。查理五世也觉察出这只狗的异常，他审问马卡尔是否就是杀害奥布里的凶手，但马卡尔矢口否认。于是，国王决定让马卡尔听从神的审判，他让马卡尔和奥布里的狗进行一次人狗之间的对决。当马卡尔即将被猎兔犬咬破喉管时，他终于承认了自己的罪行。

尽管这个美好的故事常常被传颂，但它绝对是杜撰出来的。然而无论如何，这个故事清楚地表明了 14 世纪时，狗——特别是猎兔犬——在领主们心目中的特殊地位，这种犬在当时是一种非常优秀的贵族犬种。

忠诚的伴侣 ▶ 巴比 | 一个苏格兰犬的忠贞

约翰·格雷（John Gray）是苏格兰的一名老牧羊人，绰号奥尔德·杰克（Auld Jack）。他带着他的狗巴比在爱丁堡定居后不久就去世了（1858 年）。死后葬在格雷弗赖尔斯教堂（l'église de Greyfriars）的墓地。葬礼结束之后，巴比趴在主人墓地旁边不肯离开。当时，没有人留意到这只狗。后来，约翰的朋友们注意到巴比，并开始为它担心。他们试图将它从墓地带回来，但是它不愿意。巴比想要待在主人的身边；对于它来说，这是最重要的事。面对这样一只倔强的狗，约翰的朋友们只好让步了。巴比在墓地住了下来，平时周围的好心人会喂它吃的东西，尤其是一个叫作约翰·特雷尔（John Traill）的旅店老板。逐渐地，巴比的故事传播开来，吸引了不少游客前来看它。

巴比在墓地一住就是 11 年。有关当局知晓了这只狗的存在。因为巴比没有主人，所以根据规定它被认定为一只流浪狗，而流浪狗要被打死。当时整座城市的居民都奋起反对这条规定：他们认为巴比是属于爱丁堡的，是爱丁堡的"名人"。而且，巴比对主人的忠贞不渝难道不值得奖励吗？于是，爱丁堡市长收养了巴比，但他并没有将巴比领回家，他依然给予它充分的自由。巴比因此又重新回到了墓地。在它生命中最后的时光里，巴比决定离开墓地，住进约翰·特雷尔的家。在那里，它于 1872 年 1 月永远离开了我们。后来，在格雷弗赖尔斯广场上，人们为它树立起一尊纪念雕像。

那么巴比到底是什么犬种呢？有些人认为它是一只凯恩梗犬，也有人认为它是斯凯梗犬。其实，这两个犬种除了都是起源于苏格兰之外，在外表上并没有什么相似之处。肌肉结实的凯恩梗犬有着长身短毛。而斯凯梗犬可能是从巴塞特短腿猎犬发展而来：它的四肢比凯恩梗犬短，长长的被毛柔软光滑。19 世纪时，凯恩梗犬有时也被介绍为"短毛斯凯梗犬"，故而对巴比犬种的确认变得复杂了。但无论如何，我们可以肯定的是，巴比是一只苏格兰犬，是一只对主人永远忠诚的狗。

巴比到底是一只凯恩梗犬还是斯凯梗犬？如果我们相信矗立在爱丁堡的它的纪念雕像的真实性，那么它很有可能是一只凯恩梗犬。

勇士▶巴瑞 ┃ 阿尔卑斯山的巨型犬

　　"圣伯纳犬"这种犬种的名字和它们神奇的山间救护行动要归功于大圣伯纳山收容所。大圣伯纳山收容所建于 1050 年，现在位于意大利和瑞士边界。僧侣们帮助游客顺利通过大圣伯纳山口，而这个收容所则保证游客的安全。17 世纪时，圣伯纳犬的职责只是看护寺院。而近 1750 年，圣伯纳犬成了山口的常客。因为它们能在大雪或大雾中辨识道路，所以它们负责搜寻失踪的游客。作为第一批山地救护犬，它们更多的是运用它们良好的方向感，而不是嗅觉来执行搜寻任务。

　　到 19 世纪时，搜寻遇难者和饲养圣伯纳犬在大圣伯纳山收容所逐渐形成了体系。这时，涌现出一批真正的救援英雄，例如巴瑞。这只圣伯纳犬因挽救了 40 个人的生命而闻名。传说中，它被它试图营救的一个人杀死了。那个人可能把它当成了一只熊。事实上，巴瑞于 1812 年退休，两年后寿终正寝。它被做成标本，并在伯尔尼博物馆展出。巴瑞的英勇无畏让众多游客慕名来到阿尔卑斯山游览。

　　那个时代的圣伯纳犬和我们对于这种犬种的印象完全不一样。首先，我们以为它们胸前都戴着一只小酒桶，里面装有用来提神的酒，实际上这完全是传说。其次，我们认为它们是有花斑的长毛犬（白底

19 世纪时，圣伯纳犬佩戴小酒桶的样子多少有点浪漫主义的色彩。实际上这些救护犬从来都没有佩戴过这样的酒桶。

上有红褐色的斑纹），实际上，第一批圣伯纳犬多为白色被毛，而不是双色。19 世纪中叶，与纽芬兰犬的杂交成就了现在的长毛品种，长被毛漂亮但是妨碍了圣伯纳犬在雪地里的行动。而且，巴瑞肯定比现在的雄性圣伯纳犬的个头小，现在一只雄性圣伯纳犬的体高至少能达 70 厘米。

然而，圣伯纳犬眼部的特征应该是长久以来就存在的。它的眼睑呈三角形，有一点下垂，这使它的眼神非常特别，也可以保护它不受雪地反光的伤害。

雪地救护犬利用它们的嗅觉，以最快的速度找到被雪掩埋的人。它们会不停地吠叫，并用爪子刨地来提示人们它们的发现。被发现的人是生或死，它们的提示会有所不同。犬类动作敏捷、意志顽强，它发掘的速度比人类快得多。救护犬第一时间搜寻到雪崩的遇难者，然后让位于救护员。即使现在的救护犬多为德国牧羊犬和比利时马里诺犬，但圣伯纳犬（包括巴瑞在内）仍然是这些雪地救护犬的光荣先驱。

勇士▶巴甫洛夫的狗 ┃ 饥饿证明法

1889 年，伊凡·彼特诺维奇·巴甫洛夫（Ivan Petrovitch Pavlov）开始研究饥饿的动物和人类看到食物时唾液腺的反应。当时，他利用狗做了很多关于神经系统唾液腺的机械反应方面的实验。

巴甫洛夫在他的著作《条件反射：动物高级神经活动》中指出，神经活动包括无条件反射和受信号刺激而产生的条件反射。关于唾液腺的分泌，他认为"刺激因素可以远距离致使唾液分泌"。也就是说，只要狗看到食物在面前，即使食物未入口，它也会分泌唾液。实验中，当巴甫洛夫每次给狗喂食时都会给狗发出一个可视信号（食物出现前会有一道光亮）或声音信号（使用节拍器）。逐渐地，狗就会将光或节拍器的声音与食物联系到一起。所以当光亮起或节拍器启动时，即使我们不给狗喂食，它仍然会分泌唾液。

语言命令也可以刺激条件反射。实验中，实验员每次对一只名叫乌萨齐的狗说"乌萨齐香肠"，它就坐下，伸出一只爪子，然后它就能得到香肠了。为了证明"所有声音、所有气味等都同隔一定距离的食物一样使唾液腺产生反应"，被巴甫洛夫用来做实验的狗必须要忍受饥饿、寒冷以及各种各样复杂的实验。但是无论如何，科学的进步是毋庸置疑的。

伊凡·彼特诺维奇·巴甫洛夫于 1849 年生于俄国，1904 年荣获诺贝尔奖。

如图所示，特鲁安教授（Trouin）正根据巴甫洛夫的条件反射理论对狗进行一项实验。

勇士▶大麦町犬　｜　马车护卫犬

从 19 世纪开始，大麦町犬在美国就是消防员的吉祥物。

大麦町犬（Dalmatien，又称斑点狗）一直拥有与马相处自如的能力。17 世纪，运送邮件兼载旅客的邮车经常被强盗打劫。从 1670 年开始，大麦町犬便被用来抵御打劫邮车的强盗。这种狗奔跑耐力强，它能跑遍好多地方而不知疲倦，同时它还能钻入拉车的马群中而不被马蹄所伤。而当车靠站时，它还能看管行李。

英国人对大麦町犬的才干非常迷恋。1770 年，英国邮政部长正式任命大麦町犬为邮车护卫犬，所以它也被称为"马车犬"。这种犬种的名声如此响亮，以至于在英国人们都把它当成吉祥物：人们相信，任何人只要看见一只大麦町犬并对着它许愿，那么这个人的愿望便会实现。而大麦町犬的受欢迎还引出了更出乎意料的后果：18 世纪至 19 世纪，它成了英国、法国和美国有钱游客们所推崇的一种潮流。当时最时尚的事就是让马车马群的毛色与大麦町犬的毛色相配。而在美国（英国也如此），我们应该很难忘记大麦町犬与马群和睦相处的能力以及它的英勇。这种狗和消防员工作在一起，看管营地，护卫马车。到达火灾区之后，它将物资运送到废墟中并搜寻遇难者。虽然现在消防局不再用马拉车了，但大麦町犬仍然是美国消防员的吉祥物。

勇士▶军犬 ｜ 英勇的小战士

第一次世界大战开始时，将近有 300 只狗参战成为军犬。犬类在战场上的出现要归功于一个人的创举。1910 年，托莱（Tolet）上尉建立起一家医护犬国家公司。军队于 1912 年起撤销了对这个公司的补助，于 1915 年正式成立了一个医护犬部门。布里牧羊犬、伯格尔·德比尤斯犬和佛兰德牧羊犬纷纷应召入伍。这些狗经过培训后就会被送往位于萨托里高地的军营，在那里，它们等待自己的职务分配。那个时代的一部战犬培训教材中指出，部队选择的军犬都"有着又密又硬的被毛，底毛浓厚能够起到很好的保护作用"。这样的狗才能够抵御严寒、饥饿和困倦。而且，1909 年时评判一只品种优良的布里犬的标准就是波浪形的被毛以及浓密的底毛。

在前线，负责抬担架的军犬，也叫担架犬，它们必须在阵地上搜寻伤员。因此，它们有可能已经挽救了成千上万士兵的性命。另外，军犬还可以在条件恶劣的地面环境中牵引机关炮和榴弹炮前进，靠近敌军防线。它们同样也是哨兵，或是冒着炮火穿越防线传递信息的通信兵。电话线的装设中，军犬也功不可没。

"所有这些英勇而忠诚的军犬已逐渐成为军官和士兵在战争中各种情况下的得力助手。"[据《倍迪报》（le Petit Journal）1915 年报道。]

1914 年至 1918 年，军犬活跃在人类战场上。勇敢的它们不仅能在战场上解救士兵的生命，也能为士兵带来慰藉。

医护犬出发上前线之前，在杜伊勒利官接受检查。

冷战时期，美国和苏联展开太空竞赛。20世纪50年代的苏联在此方面处于领先优势。苏联关于航空方面所有的研究都是出于一个目的：将人类送上太空。先是猴子，接着是犬类，苏联科学家用这些动物作为试验品进行飞行试验。1957年，"飞行任务"落到莱卡（Laïka）身上。它真实姓名为库德里约卡（Kudrijawka），是一只小斯皮茨犬，它将乘坐斯普特尼克2号（Spoutnik 2，在俄语中，斯普特尼克意为"伴侣"）进入太空。

莱卡是经过严格的选拔而被选中的；另外一只叫作阿勒比娜的狗作为备选，而阿勒比娜曾经两次乘坐地球物理火箭飞向太空。升空前，工作人员对莱卡进行了充分的飞行准备培训，并通过外科手术给它安装了记录生理参数的传感器。

1957年10月31日，莱卡和它的食物补给器被安置到一个集装箱内。加朗科（Garenko），为莱卡做飞行准备培训的工作人员之一，陪着它直到它出发才离开。

在出发去太空之前，这只名叫莱卡的狗接受了由一整队专家负责的飞行准备培训。

1957年11月3日，斯普特尼克2号卫星成功发射。莱卡跟随这颗卫星一起进入太空，卫星内装有20天的食物和仅仅一周的氧气储备。在卫星运行的七天中，苏联人对莱卡在失重状态下的状态进行了研究。因为斯普特尼克2号上没有设计任何返回系统，所以一周后，可怜的莱卡因为缺氧而死。斯普特尼克2号于1958年4月14日掉落地球。

这次造成莱卡死亡的卫星发射引起了全球的愤慨，因此苏联人不得不公开为莱卡的悲惨遭遇而致歉。

勇士▶德国牧羊犬 　了不起的"多面手"

经过多种产自德国的牧羊犬之间的杂交，德国牧羊犬（Berger allemand）这一犬种于 19 世纪末诞生了。培育这一犬种的目的是培育出一种能够服务于各种不同领域的犬种。结果终于培育出一种不知疲倦的"工作犬"——德国牧羊犬。它到现在一直被用于完成各种各样的工作。

开始被用来看家护院的德国牧羊犬，到第一次世界大战时，变成了救护犬；在其他战役中，尤其是阿尔及利亚独立战争期间，它们被用来侦察毒气的存在。接着，德国牧羊犬加入到反恐怖主义的斗争中，它们在火车站和飞机场检查乘客的行李。当它们发现炸药时，会做一些动作提示工作人员。例如，如果它坐下就表示炸药在高处，如果它躺下则表示炸药在地面或地下。由于这一犬种善于搜索，所以它

也被用来缉毒。稽查毒品和炸药的步骤相同，不同的只是稽查的物品和提示的动作。当狗嗅到违禁品时，它便会吠叫或用爪子挠。它们凭借灵敏的嗅觉无须尝食就能发现毒品。搜查有时候是在人类的住所或汽车里进行，甚至会搜身。稽查犬必须排除一切影响它嗅觉的干扰，比如胡椒粉或者封闭的盒子。有时候，人们也会让它们看管或协助制服嫌疑犯。德国牧羊犬的工作还包括帮助遭遇雪崩或被埋在废墟下的遇难者。它同样也参与山体滑坡、火山爆发、煤气泄漏或火灾引起的房屋爆炸倒塌之后的搜救工作。在这些情况下，犬类无疑要比机器有用得多。某些机器的确能够发现遇难者，但对环境要求很高，现场环境相对来说必须安静，而且机器也只能搜索到幸存的活人。而德国牧羊犬无论在

德国牧羊犬被用来看管一些特殊地方，例如一些公共场所。

和主人一起，在主人的指挥下，它能找到被埋在雪下的遇难者。

毫无畏惧的德国牧羊犬能够由直升机直接吊放到雪崩发生地。

嘈杂还是昏暗的环境中，它都能工作。并且，无论遇难者是生是死，它都能找到他们。德国牧羊犬还可以对锁定目标进行跟踪，当然这种跟踪是出于人道主义目的：它必须寻回某个人或某个人的所属物品。这种狗在各项工作中所表现出来的能力使它成了警察、消防员、军队和其他安全部门最喜爱的合作伙伴。

德国牧羊犬拥有一种非常特别的天赋，它的嗅觉异常细腻，它拥有大约两亿个嗅觉细胞（而人类只有 500 万个嗅觉细胞）。因此，它通过鼻子的细微活动，能够进行定向搜寻。而且，它的短毛能让它在雪中或废墟中行动自如。不仅如此，它对主人的服从和忠诚也是它屡建奇功的原因。人类必须运用犬类能听得懂的语言来对它们发号施令；当它们完成任务时，人类还要清楚地向它们表示鼓励和赞赏。这样，它就会尽心尽力地去完成主人交给它的任务，让主人满意，无论主人让它搜寻一个人或炸弹，还是一条路径，它都不在乎，它根本没有意识到它在执行任务，它只是在玩一个有奖赏的游戏。

虽然比利时牧羊犬、伯格尔·德比尤斯犬及多伯曼犬是大家公认的优秀搜救犬，但是德国牧羊犬因其强壮、耐力好、与人友好，也成为搜救任务中必不可少的犬种。德国牧羊犬是法国人最偏好的犬种之一。

勇士▶西伯利亚哈士奇犬 | 来自严寒地区的狗

　　西伯利亚的楚科奇人已经利用强壮的哈士奇犬来拉特拉瓦（即旧式雪橇）。这种狗几个世纪以来都保持着它们的形态特征。1896 年，阿拉斯加州成为美国的领土，之后大量的淘金者涌入这个州。为了消遣，他们组织起赛狗活动。在赛狗盛行之前，环阿拉斯加赛马会即赌马博彩已于 1909 年问世。一位俄国商人想到楚科奇人的狗，从而进口了九只哈士奇犬用来参加赛狗，当时其他人都嘲笑他。然而，他的哈士奇犬获得了赛狗的前三名，因为它们比马拉缪特犬体形小，重量轻，奔跑速度快，耐力强。而哈士奇犬最终声名大振是在 1925 年。当时阿拉

西伯利亚哈士奇犬是一种出色的牵引犬。至今在比赛中还能见到它们拉着雪橇的身影。

斯加的一座偏僻小镇白喉肆虐，治疗这种病的血清由哈士奇犬雪橇队以最快的速度成功运抵，挽救了无数人的生命。从此，许多哈士奇犬被进口到美国。通过与赛特犬和保因脱犬杂交，产生了"阿拉斯加哈士奇犬"这种专门为赛狗而生的犬种。而西伯利亚哈士奇犬（Siberian husky）的名称则于1930年产生。

哈士奇意思是"哑嗓的"，因为哈士奇犬一般不叫，叫时也只会发出嘶哑的声音。现在，在美国和欧洲，一方面，因为机械化装置的使用，雪橇狗逐渐在消失；另一方面，雪橇比赛和普卡斯比赛（即pulkas，比赛时参赛犬拖着一艘小艇前进，它的主人滑雪前进）继续吸引着大量爱好者。

西伯利亚哈士奇犬从未参与过发现极点的探险，但是它野性的外表总让我们想到北极。它被毛浓密，背部和头部的毛色较深，而四肢、腹部及口鼻部的毛色较浅，耳朵高高竖立在头部，某些哈士奇犬的眼睛是湛蓝色的。

西伯利亚哈士奇犬野性的外表令人联想到狼。

勇士▶纽芬兰犬 ｜ 如同鱼一般在水中自由游泳的狗

纽芬兰犬（Terre-Neuve）的祖先可能在近1000年时被维京人带到了纽芬兰岛（位于加拿大东部）。和其他犬种（有可能是拉布拉多犬、大白熊犬或者还有雷翁博格犬）杂交后的纽芬兰犬在18世纪被英国殖民者发现，他们于19世纪初将几只纽芬兰犬带回了英国本土。当时，这种狗的作用是寻回渔夫掉入水中的渔网。

很快，纽芬兰犬担任起了救援犬的工作，并持续至今。它在海上或河里寻回遇难者，或者将救生艇牵引到遇难者身边。各种情形下，它都会将遇难者带到救生员身边，救生员便会对遇难者进行初步救助。在没有人类援助基础上的救援只可能在训练中发生，而在现实中则是不可能的。所以我们经常说人类和犬类的关系必须和谐。法国现在拥有十来条纽芬兰救援犬。

虽然纽芬兰犬善于游泳，但它仍然必须在游泳池中接受救援培训。

纽芬兰犬身体方面的某些特征使它能在水中行动自如。它颌部发达的肌肉以及超强的耐力使它能牵引笨重的船只。另外带蹼的大脚和油光水滑的防水皮毛让它游起泳来非常轻松，而浓密的大尾巴发挥着舵的作用。性情温和安静的纽芬兰犬以它高尚的品质成了为救援事业牺牲奉献的代表。

勇士▶拉布拉多犬 | 强壮但温和的狗

拉布拉多犬的被毛颜色为单一的黑色、褐色或黄色，如果为黄色，其色调可以从乳白色到橙黄色。

虽然我们都知道拉布拉多犬（Labrador）的诞生之地为加拿大东部的纽芬兰岛，但我们却难以确定这种犬种的发展历史。第一批英国殖民者于17世纪带着他们的马士提夫犬到纽芬兰岛上定居。而纽芬兰岛上的渔民自16世纪起就用能在冰冷海水里自由行动的大狗来帮他们捕鱼。这两个犬种杂交后便产生了新的犬种——圣约翰斯犬，它的名字取自纽芬兰省的首府圣约翰斯。圣约翰斯犬便是当今的拉布拉多犬的祖先。大约1820年，某些拉布拉多犬被带到英国用于打猎，当作寻回猎犬，任务就是寻回被打死的猎物，有时候甚至是从水中将猎物带回给主人。它必须学会等待，等待主人将猎物击中，然后再将猎物带回。这一过程大大磨炼了拉布拉多犬的耐性，而良好的耐性则为这种犬种后来成为导盲犬奠定了坚实的基础。

第一批导盲犬出现于第一次世界大战末期，那时人们训练狗来为那些因战争而残疾的人服务。现在，导盲犬的培养并不那么简单，不是任何狗都可以做导盲犬。服从、耐心、非常友好且无任何攻击性，这些优点都使得拉布拉多犬成了作为导盲犬的理想犬种。导盲犬的训练从狗一岁就开始（一岁前，小狗们都是寄养在接待家庭里，在那里对它们进行评估

和选择）。

第一阶段的课程是有关于语言交流方面的训练：拉布拉多犬必须听懂"左""右""前""后"……这样的命令。接着是行动训练：在人行道上靠右行走，绕开障碍，找到并走过人行横道，识别电话亭和一幢有明显标志的建筑，习惯戴着项圈和牵引带行走。最后的步骤是训练狗的沉稳心态：面对各种诱惑，它必须不为所动，注意力始终集中在自己的任务上。导盲犬一旦完成培训，就会被带到它主人身边。人与狗必须完全和谐相处，因为他们将时时刻刻生活在一起。尽管拉布拉多犬有着众多的优点，但它也不是唯一的导盲犬犬种。金毛寻回犬、金毛和拉布拉多杂交后的犬种，以及德国牧羊犬都是常见的导盲犬犬种。

拉布拉多犬对于聋人和肢体残疾的人来说也是完美的伴侣。如果它和一个重听的人同住，那么它

一只拉布拉多导盲犬必须接受长时间的训练，它未来的主人也是如此，这样他们才能够很好地适应对方，配合默契。

必须能够辨认日常生活中的各种声音（例如电话铃声、闹钟或汽车的声音……），明白一些确定的指挥动作。而且聋人的发音和正常人不一样，因此它还必须听懂聋人用其特殊语调发出的口令。和残疾人在一起，拉布拉多犬必须要懂得怎么回应50多种命令，比如捡回掉落的物品，给主人拿来电话，开灯和关灯，帮助主人移动扶手椅……

拉布拉多犬服从性高、适应能力强，所以它们也被用来搜索毒品、爆炸物，还在雪崩中或其他灾难中搜救遇难者。

性格安静、能干、强壮、热心为人类服务，这样的拉布拉多犬已经成了人类家庭中必不可少的一分子。

拉布拉多犬性情平和温顺，对人非常友好，是不可多得的伴侣犬。

2

一窝幼犬

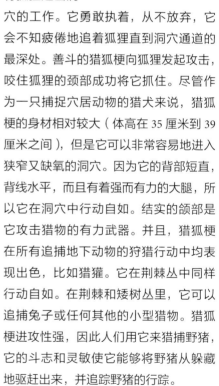

猎狐梗（Fox-terrier）最初属于不知名的猎犬群。这个犬种至少从 16 世纪开始才在英国被世人所知。18 世纪时人们发现了它们独特的优点。19 世纪伴随着猎狐活动的发展，这种狗在物种自然选择中胜出。猎狐梗的任务是发现狐狸，并将狐狸从洞穴中赶出，这就是这种狗名称的由来（猎狐梗的英文名为 fox-terrier，fox 在英文中意思为狐狸）。我们不确定猎狐梗是通过哪些具体的犬种杂交而孕育出来的，但毫无疑问这些犬种都属于猎犬，例如比格犬、腊肠犬。杂交后先孕育出短毛猎狐梗，然后再通过杂交孕育了刚毛猎狐梗。短毛平滑紧密，利于猎狐梗在地下的移动。而刚毛，也就是卷毛，既不像丝又不像羊毛，有着粗糙的纹理，能保护猎狐梗不被荆棘所伤。这两种猎狐梗的毛色均以白色为主，有黑色斑纹或黑色、黄褐色两种颜色的斑纹。

猎狐梗现在仍继续做着将狐狸赶出洞穴的工作。它勇敢执着，从不放弃，它会不知疲倦地追着狐狸直到洞穴通道的最深处。善斗的猎狐梗向狐狸发起攻击，咬住狐狸的颈部成功将它抓住。尽管作为一只捕捉穴居动物的猎犬来说，猎狐梗的身材相对较大（体高在 35 厘米到 39 厘米之间），但是它可以非常容易地进入狭窄又缺氧的洞穴。因为它的背部短直，背线水平，而且有着强而有力的大腿，所以它在洞穴中行动自如。结实的颌部是它攻击猎物的有力武器。并且，猎狐梗在所有追捕地下动物的狩猎行动中均表现出色，比如猎獾。它在荆棘丛中同样行动自如。在荆棘和矮树丛里，它可以追捕兔子或任何其他的小型猎物。猎狐梗进攻性强，因此人们用它来猎捕野猪，它的斗志和灵敏使它能够将野猪从躲藏地驱赶出来，并追踪野猪的行踪。

上方是一只被毛几乎全白的短毛猎狐梗，下方则是一只刚毛猎狐梗，其被毛有黑色和褐色的斑纹。

虽然现在西高地白梗（West-highland-white-terrier，也叫西高地犬）是一种伴侣犬，但是它在过去很长时间里都是充当着猎犬的角色。好几个世纪里，驱赶害兽的犬种在苏格兰普遍存在。西高地犬的祖先便是其中之一。它们住在苏格兰西部的高地，故得名西高地犬。自16世纪，该犬种在有关狩猎的论著中被提及，但现在我们称作西高地白梗的犬种是在人类的干预下诞生的。1860年，马尔科姆·波塔洛克（Malcolm Poltalloch）上校在狩猎时不小心杀死了自己的一条猎犬，因为猎犬的毛与野兔的实在太相似了，于是上校决定培育白色的猎犬以便与猎物相区分开

来。事实上，第一批西高地犬很有可能是浅黄色或奶油色，但在物种自然选择规律的逐渐影响下，西高地白梗便诞生了。

西高地犬属于捕捉洞穴动物的猎犬：它进入到洞穴中将洞穴中的狐狸、獾或兔子赶出洞外。苏格兰高地气候恶劣，是一个多岩石之地，西高地犬狩猎的环境非常恶劣：许多狗都会被卡在洞中，有时候可能要好几天不吃不喝才能重新钻出洞口。

西高地犬在作为猎犬的几个世纪以来都保持着这样一个特殊的体态：矮壮的身体，短小的四肢适合钻入洞穴，12—15厘米长的尾巴可以让人们从洞外将它拖出，又直又硬的被毛帮它抵御恶劣的天气，并让它不被岩土和荆棘所伤。现在人们会精心地梳洗和保养西高地犬的被毛。它属于少有的需要拔毛的犬种之一，人们要用手指或专门的梳子钳拔掉它枯死的毛发。

这种可爱的小白狗从它们祖先那儿继承了活泼又温顺的性格，不仅给小孩，也给大人带来了欢乐。

一只几岁大的西高地白梗正处于戒备状态，它时刻准备着冲入洞穴中。

19世纪，有一个名叫杰克·拉塞尔（Jack Russell）的牧师，他是一个狩猎爱好者。一天他遇见了一只耳朵上有褐色斑纹的白色小狗。1819年，就是在这只叫作特翰的小狗的基础上，拉塞尔牧师开始培育适合猎狐的犬种，即后来被起名为帕尔森 - 杰克拉塞尔的梗犬（Parson jack-russell-terrier，帕尔森即英文parson，对于英国国教徒而言是牧师的意思）。那个年代猎狐运动已经取代了猎鹿运动，而猎狐需要体形小巧的犬种，从而能够轻松钻入洞穴将狐狸驱赶出来。拉塞尔牧师更多是想获得一种能在地下洞穴的通道里追捕猎物的犬种，而不是培育出一种纯种犬。所以他逐步将一些梗犬（湖畔梗、边境梗……）以及腊肠犬进行杂交。他在

培育的过程中并没有注意种犬品种的一致性，因而随着时间的推移，再加上其他人的饲养，产生了两种体形截然不同的新种梗犬。2001年开始，这两种梗犬分别成为两个独立的犬种：一种叫作帕尔森 - 杰克拉塞尔梗犬，体高为30—35厘米；而另一种则是杰克拉塞尔梗犬，体高为25—30厘米。

现在杰克拉塞尔梗犬继续发挥着它作为猎犬的作用，将狐狸或獾从巢穴中驱赶出来。强壮而又有耐力的它可以在地下洞穴停留很长时间。它坚忍顽强，能制服因走投无路而奋起反抗的猎物。獾善于掘洞，它会挖许多平行的通道来迷惑敌人以保障其巢穴的安全，而杰克拉塞尔梗犬天生有着灵敏的嗅觉，懂得如何确定獾的确切位置。在猎捕獾时，少不了猎人与猎犬之间的配合，猎人会在地上插一根金属管用来监听猎物的动静。

杰克拉塞尔犬一直是猎人最钟爱的三大犬种之一。但它那可爱的小脑袋、独立又极其温顺的性格，使它越来越成为人类喜爱的伴侣犬了。

杰克拉塞尔梗犬的被毛以白色为主，有黄褐色和黑色的斑纹，而斑纹一般在头部。

第一只巴塞特猎犬（Basset hound）因为基因突变而出生在一窝普通体型的圣休伯特犬之中：它的四肢比其他的小狗短小。可见，阿图瓦①巴塞特犬是由圣休伯特犬演变而来。

1867 年，高尔韦（Galway）勋爵从法国将阿图瓦巴塞特犬进口到英国。这些狗在英国又和其他猎犬杂交，比如比格猎犬、寻血猎犬等，从而产生了现在的巴塞特猎犬。巴塞特猎犬在围猎中担任追逐猎犬的职责，尤其是在围捕野兔时（英国人很少进行枪猎）。猎犬队中的追逐猎犬必须懂得用叫声提示猎手它的行动，追逐猎物，并将猎物引至猎手面前。

现在，巴塞特猎犬仍然执行着猎犬的任务：它懂得如何驱赶兔子、狍和野猪。猎人们都说，巴塞特猎犬能够"紧跟猎物的踪迹"，它可以辨认猎物的气息，甚至能辨识出危急时刻掩盖自己气味的野兔。腿部短小的它可以适应所有地形去跟踪猎物。它耐力极强，可以进行长时间跟踪，所以，对于围捕奔跑速度快又耐力持久的野猪，巴塞特猎犬是再适合不过了。尽管它四肢短小、体形庞大（它是短腿犬家族里体重最大的），但非常灵活。它从祖先

① 法国旧省名。——译者注

那儿保留的高大犬种的大脚，还有相对修长的背部、强壮的后腿等体态特征使它拥有了奔跑的耐力。它执着、嗅觉敏锐、叫声大而低沉，所以它也是人们进行枪猎时的助手。

巴塞特猎犬的被毛通常为三色毛（黑色、黄褐色和白色），但也有两色毛的巴塞特猎犬（白色和黄褐色）。它的长耳朵像帘子一样合拢悬垂着，头部多褶皱。它那像挨过打一样的眼神总给人忧郁的感觉，但请别被这眼神给欺骗了：它可是活泼快乐、活力充沛的好伴侣。

巴塞特猎犬有着非常独特的头部、向内卷曲的耳朵和眼睑外翻的眼睛。

腊肠犬（Teckels）的起源可能要追溯到混沌初开时吧？于第十八王朝（约公元前1500年）制作的埃及浅浮雕上，有一只有着黑色和褐色相间被毛的短腿小狗，它与现代的腊肠犬惊人地相似。那么它就是腊肠犬的祖先吗？我们无法确定，但我们确信，身形矮小的犬种自古以来就存在，并且在很多地方都存在。

据研究，腊肠犬很可能是起源于德国。因为，16世纪时，以一种追逐猎犬（类似于现在的汝拉布鲁诺犬）的短腿类型以及黑色和褐色相间的宾沙犬的短腿类型为基础，德国饲养者培育出了短毛腊肠犬，

这就是所有腊肠犬的原始种类。刚毛和长毛腊肠犬的诞生可能在17世纪。刚毛腊肠犬可能是通过短毛腊肠犬、雪纳瑞和来自苏格兰的梗犬（丹迪丁蒙梗和苏格兰梗）之间的杂交而成。除了被毛的区别，刚毛腊肠犬与短毛腊肠犬的外形一模一样。而长毛腊肠犬则是短毛腊肠犬和德国小长毛垂耳犬杂交生成。这种腊肠犬的被毛像丝般柔软光滑，富有光泽，轻微卷曲，类似于爱尔兰赛特犬的被毛。

对于腊肠犬的体形，我们先是根据狗的体重，而现在则根据胸围的大小来判断。根据体型，腊肠犬有三种不同的尺寸。标准型腊肠犬的理想体重为6.5—7公斤，胸围大于35厘米。迷你型腊肠犬在18个月大时体重不超过4公斤，胸围不超过35厘米。猎兔型腊肠犬在18个月时最大体重为3.5公斤，胸围小于30厘米。

每种尺寸的腊肠犬都有三种不同颜色的被毛：单色（红色、奶油色或黄褐色……）；双色毛（黑色、褐色或灰色的底色，眼睛上方、口鼻部周围、耳朵内边缘、前胸和爪子等部位带有火红色斑纹）；

这是一只被毛为单一褐色的短毛腊肠犬。它有着长脸，耳朵的位置非常接近头顶，爪子圆拱并且宽厚。

刚毛腊肠犬的被毛为双色，黑色的底色上带有褐色斑纹。

斑纹色（浅褐色或浅灰色的底色，也有白色的底色，带有颜色更深的斑纹，如褐色、黄色或黑色）。通过这样三种不同长短的被毛、三种不同大小的体型和三种不同颜色的被毛之间的组合，我们可以获得各种各样的腊肠犬，这该是一个多么可观的数字啊！这就是腊肠犬这一个犬种能在十大犬类组别中排名第四的原因了。

　　无论什么大小、什么被毛类型的腊肠犬都是优秀的猎犬。即使腊肠犬是追逐猎犬的后代，但我们现在主要用它来搜寻洞穴里的猎物，它矮小的体形让它在狐狸或獾的巢穴坑道中行动自如。敏锐的嗅觉让它能很快发现猎物并进行追踪。腊肠犬长身短腿，强壮有力的前爪适合在各种土质上进行挖掘。它在灌木丛和荆棘丛中也能行动自如，它能在灌木丛中将兔子从巢穴中赶出。它也能钻入玉米地赶出猎物，并在矮树丛中追踪狍子。它用它的叫声不断

骚扰猎物，但是它不会攻击猎物。它耐力持久，嗅觉非常敏锐（尤其是刚毛腊肠犬），这使得它具有作为寻血猎犬的特质，即追踪负伤的大型动物的特质。腊肠犬在追踪负伤的大型动物时懂得如何将注意力集中在负伤动物的气味上，不受其他气味的干扰。有时候，它也必须同被它追得走投无路的猎物进行对抗，这需要强大的斗志。

　　充满活力、性格活泼开朗的腊肠犬很早就担任伴侣犬的角色。英国维多利亚女王在与阿尔伯特·萨克森－科堡－哥达（Albert de Saxe-Cobourg-Gotha）亲王完婚之后，发现了腊肠犬这一犬种，从此迷恋上了它。而现在，腊肠犬依然是优秀的猎犬和人类温柔的伴侣。

在德国，腊肠犬最开始被称为"Dachshund"，德语意思是猎獾犬。图中是一只长毛腊肠犬。

猎犬 ▶ 布列塔尼猎犬 ｜ 猎捕山鹬的狗

布列塔尼猎犬（Epagneul breton），正如同它的名字所示，它起源于布列塔尼。19世纪时（甚至要更早一些），在布列塔尼地区有一些优秀的短尾猎犬。那时，英国人喜欢到布列塔尼来打猎，于是常常会将他们的塞特犬作为膳宿费留给布列塔尼人。这两种犬种经过杂交，就产生了布列塔尼猎犬。作为优秀的猎犬，布列塔尼猎犬能驱赶并堵住长羽毛猎物的退路：也就是说它能让猎物无处可逃，困住猎物，所以布列塔尼猎犬是一种狩猎犬。接着猎人瞄准猎物开枪，它再将被击中的猎物带到猎人身边。布列塔尼猎犬尤其擅长猎捕山鹬。山鹬这种鸟喜好独居在树林或灌木丛中。无论它们在哪里，布列塔尼猎犬都知道如何找到它们。全能的布列塔尼猎犬也能猎捕毛类猎物，如兔子、山鹑、野鸡等。布列塔尼猎犬体形小，吃苦耐劳，所以它能适应任何一种地形（沼泽、平原或山地），在比较狭窄的地方完美地完成任务，进行"有限制的搜索"。它顺从听话，又不乏主见，因此是猎人进行盲猎的理想伙伴。盲猎即单个猎人带着一只或两只狗，在乡间搜寻驱赶、开枪射击猎物。布列塔尼猎犬是一只身材粗壮的典型短腿犬，它有着结实的身体，背部短而直，无尾或短尾，体形圆润。它耳朵的位置靠上，脖颈清晰可见，肩部肌肉发达，底毛浓密（白色和橙黄色相间、白色和棕色相间、白黑相间，或带有斑纹或花斑的底毛……）。

布列塔尼猎犬拥有猎犬各种优秀的品质，是在全球都享有盛名的犬种。

三只站立不动的布列塔尼幼犬。这个犬种是法国最常见的猎犬品种之一，并大量出口到国外。

人们在对布列塔尼猎犬进行狩猎训练时，会给它戴上一个挂铃，当它跑远时我们可以通过挂铃来确定它的位置。

人们对格里芬尼韦奈犬（Griffon nivernais）的起源有诸多猜测。有些人认为它的祖先是格里芬布雷斯犬，一种起源于高卢猎犬——被罗马人称为塞居斯洋的狗。也有人认为它可能是尼韦奈犬的缩小品种（尼韦奈犬是一种在犬猎过程中绝对服从命令、按命令行动的猎犬，此犬种现今已经消失）。雄性格里芬犬体高55—60厘米，而雄性尼韦奈犬体高则可以超过70厘米。这种尼韦奈犬可能起源于圣路易斯的灰色犬种（与来自埃及的猎兔犬杂交而成的一种追踪猎犬）。格里芬尼韦奈犬被毛的颜色似乎可以证明它与尼韦奈犬的亲缘关系（格里芬尼韦奈犬的被毛通常为狼灰色、蓝灰色和各种其他类型的灰色，夹有或无一丝杂色）。

长时间来，格里芬尼韦奈犬被用来协助人类猎狼。它四肢消瘦但肌肉发达，身躯相对较长，耐力强，它能够连续几天、长距离地追踪猎物。它的被毛坚硬带一点蓬松，这使它能抗御各种气候和荆棘地形。后来，尼韦奈地区的森林遭到砍伐，狼逐渐在这个地区消失……于是，格里芬尼

格里芬尼韦奈犬是一种大型猎犬，无论在什么天气、什么地形，它都能追踪各种猎物。

韦奈犬加入到猎野猪的队伍中，猎野猪同样也需要很强的抵抗力，而格里芬尼韦奈犬的这一优点，猎人们至今都还在利用它。

猎人在打猎时会带上两只或几只格里芬尼韦奈犬，通常为晚上，这跟犬猎的习惯完全不一样。另外，嗅觉敏锐、声音洪亮的它也会参加围猎。它能力非常全面，同样也能猎捕狐狸、狍子，在加拿大它甚至能猎捕熊。

格里芬尼韦奈犬给人一种活力充沛、抵抗力强的印象。逐渐，它在乡村以外的地方也受到了人们的喜爱。尽管它有点粗野，但它仍不失为一个忠实而讨人喜欢的伴侣。

关于金毛寻回犬（Golden retyiever）的起源，很长时间以来一个奇特的传说取代了事实。19世纪下半叶，苏格兰的达德利·库特·马奇班克斯（Dudley Coutts Marjoribanks）爵士想改良他的猎犬的品种，因为他觉得它们的个头太小了。一次，他在马戏团看表演时被来自高加索的表演犬吸引住了。于是他用高价买下了这些狗，用它们来和他自己的猎犬杂交……但是事实上，特威德矛斯勋爵的档案资料表明，金毛寻回犬是一个拥有纯正英国血统的品种。一只名叫努斯的黄色雄性寻回猎犬（水猎犬）与另一只名叫贝拉的特威德西班牙猎犬（另外一种水猎犬，此犬种现已消失）"结合"之后，四只小狗于1868年诞生，这便是

金毛寻回犬的起源。

金毛寻回犬的英文名为"golden retriever"，"retriever"来自英文词"to retrieve"，意思是"寻回，带回"。因此，金毛寻回犬是一只寻回犬（称它为"金毛犬"，是因为它的被毛颜色是金色或奶油色）：它能从任何地方寻回被击中的鸟类。它的祖先遗传给它对水的喜爱。在水中，它紧密的底毛有防水功能，完全不沾水，它身体匀称而腰部短且强健，这都有利于它在水中的活动。所以对于在沼泽地进行的狩猎活动，它是最合适最理想的犬种。

金毛寻回犬有着超强的记忆力，它能够按物品掉落的顺序将它们带回。上下颌结实，呈剪状咬合，这是捕获大猎物必不可少的优势。金毛寻回犬非常有耐性，同时适应能力也很强，所以它也能成功地被训练成狩猎犬。金毛寻回犬所有这些优秀的素质让它具备多种功能：导盲犬，警察和消防员的助手。但是千万不要让它看守住所，因为它对人极其友好，即使对入侵者也是如此。

金毛寻回犬结实强壮、体力充沛，有着一副好身材。这种狗极其温柔，从它柔和的眼神中就可以看出来。

英国可卡犬（Cocker anglais）也被称为可卡猎鹬犬，因为它属于猎鹬犬家族，是和法国长毛垂耳狗对等的英国犬种。经证实，猎鹬犬至少从14世纪开始就在英国存在。猎鹬犬家族的狗属于猎犬，但是外形都不一样，因此我们将它们分为水猎犬和陆猎犬两大类型。而根据地形性质的不同，陆猎犬又分为田野猎犬和陆地猎犬。1883年，"可卡猎鹬犬"这一犬种名正式诞生，包括了所有的小型田野猎犬。就这样，可卡犬在猎鹬犬家族中因为体型大小而单独成为一个犬种。可卡犬的英文名为"cocker"，某些人认为，它的名字源于英文词"woodcock"，意思是山鹬；也有人认为，它的名字源于英文动词"to cock"，在狩猎词典里意思是"惊飞猎物"。最早一批可卡犬于19世纪末进入法国，它们

可卡犬的耳朵根部位置很低，这是它惹人喜爱的特点之一。

可卡犬的毛发像丝一般光滑，四肢和身躯处的被毛较长，呈流苏状。

在法国比在它们的起源国——英国还要受欢迎：因为可卡犬善于猎兔，所以这种猎犬在那个时代的法国大量繁殖起来。

可卡犬不是狩猎犬，它会攻击猎物：它发现并驱逐猎物（例如山鹬、云雀、兔子等），但它在猎物面前不会没有行动。它适合在猎枪射程之内进行狩猎，这样它的主人能及时制止它攻击猎物。小体型（体高不超过40厘米）使它能到处穿行，它的毛发也使它能够应付任何地形。猎物一被杀死，它就将它带回猎人身边。它的颌部和颈部非常强壮，因此它能搬运任何一个被击中的猎物，哪怕是体积大而笨重的野鸡。

可卡犬娇小的样子吸引着城市居民，它多种多样的被毛也是它的魅力所在：单色（黑色或黄褐色），有斑纹，还有花色……布满波浪状饰毛的长垂耳，总是像在哀求着什么的眼神，这样的可卡犬正是非常讨人喜欢的伴侣犬。

长须柯利牧羊犬（Bearded collie），这种苏格兰牧羊犬的祖先到底是谁？有可能是尼奇利波兰牧羊犬。因为16世纪时，波兰和苏格兰之间就有贸易来往，据说当时几只波兰犬可以交换一只公羊和一只母羊……长须柯利牧羊犬的祖先也有可能是可蒙多犬。可蒙多犬是匈牙利马扎尔游牧民族饲养的狗，它可能曾与苏格兰牧羊犬——边境牧羊犬和高地牧羊犬杂交过。长须柯利牧羊犬还可能是两种苏格兰牧羊犬杂交之后产生的品种。

长须柯利牧羊犬是一种活泼的长毛狗，它的被毛粗糙（这是抵御苏格兰恶劣气候的很好的保护层）。它名字中的"长须"二字源自它面颊周围的长须，而"柯利"（collie）意为苏格兰牧羊犬，表明其出生地。16世纪，由于羊毛工业的飞跃发展，养羊成了苏格兰一项非常重要的经济活动。羊群数量的增加使得人们对好牧羊犬的需求量也大大增加，人们需要牧羊犬将高地的牲畜群引向牧场。长须柯利牧羊犬能适应高地的气候和崎岖的地形，因此总能出色地完成这项工作。它拥有

长须柯利牧羊犬的英文名为 bearded collie，人们也亲热地称它为"胡子"（"Beardy"或"Beardie"）。

良好的记忆力和方向感，它能区分不同的道路，懂得避开那些对于牲畜群来说太危险的路径。作为高效率的引导者，它同样能将分散的牲畜群重新集中起来。修长的身体、中等身高，还有倾斜的肩部，长须柯利牧羊犬拥有的这些体态特征有利于它在崎岖的地形中活动。

现在，养羊的规模减小，羊群也是通过卡车来运送，并饲养在围场里。所以，人们更多是将长须柯利牧羊犬作为伴侣犬，而不是牧羊犬了。但这对于长须柯利牧羊犬又有什么关系呢，只要你让它适当地运动，那么它在人类家庭里就会快乐惬意。当然，你千万不要让它为你看家护院，因为性情温和的它难以表现出攻击性。

比利牛斯山牧羊犬（Berger des Pyrénées）在比利牛斯山很早就存在。长期以来，比利牛斯山的地理环境保护着这个犬种的发展，而它们得名则是在 19 世纪。各个山脉分离的地形使比利牛斯山牧羊犬发展出多个品种，不同的山谷品种就不同。如：拉布黑犬、巴涅尔犬、阿尔巴兹犬……其中阿尔巴兹犬在 1926 年首次制定比利牛斯山牧羊犬的标准时，成为参考的典范。从此以后，比利牛斯山牧羊犬就被定义为长着三角形脑袋的小型。它是法国最小的牧羊犬，不要将它与大白熊犬（又名比利牛斯山蒙坦尼犬）混淆了，后者是一种白色的巨型犬。比利牛斯山牧羊犬分为两个独立的品种：长毛比利牛斯山牧羊犬和平脸比利牛斯山牧羊犬，前者被毛颜色为浅黄褐色、灰色或杂色，后者的被毛色为白色、白灰色或淡黄色，前者比后者的身体要长。

现在，比利牛斯山牧羊犬是仍然在担任牧羊犬工作的犬种之一。它将分散的绵羊群、山羊群，甚至牛群重新聚拢在一起，引导牲畜群进入牧场，搜寻迷路走散的牲畜，保护它们免受猛兽的侵袭。进山放牧时，它引导牲畜群，监督牲畜们避开难走的路径。它不知疲倦地圈拢牲畜，有时候它也会用挤的方式，但它体型小巧，所以不会伤到牲畜。

比利牛斯山牧羊犬的重心贴近地面，因此它能在山坡上保持平衡。而且，它的后腿外翻，这有利于它在山间行走。这种狗非常依恋人类，对主人绝对忠诚。它们甚至还作为联络犬和救护犬参与了第一次世界大战。

比利牛斯山牧羊犬服从性强、警惕性高、勇敢，正如马丁娜·卡斯泰朗（Martine Casteran）在《比利牛斯山牧羊犬》（le berger des Pyrénées）一书中所说：比利牛斯山牧羊犬毫无疑问的是"大自然对我们人类的馈赠"。

浓密的被毛使这种牧羊犬可以很好地抵抗高山的寒冷。

伯恩山犬（Bouvier bernois），通过它的名字我们就知道它来自瑞士，是一种牧牛犬。然而，它是一种纯瑞士血统的犬种吗？当然，如果我们认为它与罗马军队的莫洛斯犬没有什么亲缘关系的话，那么它就是纯瑞士品种。就像对于许多牧羊犬一样，山地环境长时间保护着这个存在于瑞士伯恩州（即伯尔尼州）（Berne）的犬种的发展。直到 19 世纪初，我们都称这一犬种为杜何巴奇勒（Oürrbächler），此名来自一个名叫杜何巴奇的小村庄。首批伯恩山犬饲养者之一就居住在这个村庄里。评判伯恩山犬的标准于 1907 年公布。20 世纪 50 年代初，一只公纽芬兰犬与一只母伯恩山犬交配。这次"联姻"完全是偶然的结果，却改良了伯恩山犬这一犬种，使它的性格中添加了柔和的一面。伯恩山犬这一犬种的发展历史使我们将它归入山地莫洛斯犬（结实，体形庞大，骨骼强壮）这一种类。它和其他三种瑞

伯恩山牧羊犬有着可爱的大脑袋，舌头经常吐露在外，而且性情温和，这使得它很像一只小熊。

伯恩山犬源自山地，体形庞大，被毛浓密，这使它能抵御山区的低温。

士牧羊犬一起构成了犬类第二组别当中的第三类别狗，其他三种瑞士牧牛犬为：阿彭策尔牧牛犬、恩特雷布赫牧牛犬和大型瑞士牧牛犬。

如果说山区孤立的环境塑造了伯恩山犬的体型，那么伯恩地区的经济活动则确定了它的功能。伯恩山犬高大粗壮的体形（体重 40～50 公斤，体高 60～70 厘米）使它成为优秀的牧牛犬。它身体矮壮，胸部深而宽，背部结实，面对牛毫无畏惧。要引导牛行动，需要强大的身体力量以及某种权威性，而且还要得到牛的敬畏。而伯恩山犬恰好具备了这所有的条件。

进山放牧时（秋季时，牲畜群会回到山谷），伯恩山犬既是向导，又担负着看护牲畜群的工作（尤其是保护牲畜群免受狼的侵袭）。但是，它不是防卫犬；当它必须看护农场时，它只是用它庞大的外形来吓唬那些想要来偷农作物的人或动物，其实它一点攻击性都没有。尽管如此，伯恩山犬的能力仍备受人类的欣赏，它相继担负起看管牲畜群、农场，引导牛群，以及陪伴农夫的工作。

当时瑞士乳制品闻名于全欧洲，这使得伯恩山犬成了运奶工。它拉着两轮车，将装有牛奶的罐子从农场运往奶酪工厂。它非常强壮，能拉动 100 公斤的货物。后来，在小卡车取代它们来运奶后，拉车便只是伯恩山犬喜欢的一项体育锻炼活动而已了。现在，伯恩山犬进行着各种各样的工作。首先它继续担负看管牲畜群的工作，而且还为公益事业服务。它参与在废墟中搜寻遇难者的工作，帮助盲人和重听的人。另外，作为伴侣犬，它的地位越来越重要，因为它有着漂亮的、罕见的三色被毛，所以备受人类家庭喜爱。伯恩山犬都是三色毛，而且三色毛构成的图案非常鲜明。基本色为黑色，面颊、眼睛上部、胸部及爪子上方有黄褐色斑纹。而白色斑纹则在颈部、前胸、足部和尾巴尖处。另外还有一处白色斑纹从头顶处一直向下延伸至两眼之间，包裹住整个鼻梁（即其口鼻部的最高部分）。伯恩山犬耳朵靠后，脑袋大大的，舌头经常耷拉在嘴外，看上去很像一只长毛小熊。它的嘴唇沿颌部拉紧，并不发达（这不是山地犬的普遍特征），所以它很少流涎。

伯恩山牧羊犬温柔、忠诚，生命力强，它正逐渐成为法国人最喜爱的犬种之一。

牧羊犬 ▶ 伯格尔·德比尤斯犬 | **高大的黑色牧羊犬**

19世纪时有一种狗，它身材高大，长着尖耳，被毛为黑色和红褐色，以敢与狼搏斗而闻名。1897年，这种狗被命名为伯格尔·德比尤斯犬，即其法语名berger de Beauce的音译，Beauce即博斯，法国巴黎盆地平原地区，但其实这一犬种与博斯这个地区没有任何关系。我们这样给它命名是为了将它与布里牧羊犬区别开来。布里牧羊犬和伯格尔·德比尤斯犬一样是来自法国平原牧羊犬这一种群，但布里牧羊犬是长毛，而伯格尔·德比尤斯犬则是短毛犬。

尽管伯格尔·德比尤斯犬有了正式的名字，但养它的人们依然喜欢称它为"波什罗奇"（即bas-rouge，意思是"红袜子"），这是因为它四肢下部呈红褐色。这种狗惊人地强壮，是最强壮的牧羊犬。它被用来看管和引导山羊群和绵羊群，尤其是在长有牧草的平原上。对于一个有着200—300头牲畜的牲畜群，一般由两只狗来分担任务。第一只狗，即边缘狗，需要非常安静，具有独立工作能力，不断驱赶牲畜，将牲畜们始终集中在一起。第二只狗则需要活跃一些，待在牧羊人身边，随时听从牧羊人的指挥。伯格尔·德比尤斯犬必须要引导牲畜进入平原牧场或高山牧场，必要的话还需要经过陡峭的道路和山坡。它一边保证不让牲畜走散，一边要保护牲畜免受猛兽侵袭。坚韧勇敢的伯格尔·德比尤斯犬绝不会被猞猁和狼吓倒。

随着平原畜牧业的衰退，伯格尔·德比尤斯犬在现代几乎无法担任牧羊犬的工作了。它成功转型为警察部门、军队、海关的巡视犬和防卫犬。这种犬的身体特征使它完全胜任它的新工作：它高大威猛（体高能达到70厘米），体格健壮。凭借敏锐的嗅觉，它同样也担负着搜寻毒品、煤气或雪崩遇难者的任务。

伯格尔·德比尤斯犬强壮有力、肌肉发达、颈部强健，它有时候会让人觉得害怕。但是实际上，它是一只温柔的、喜欢家庭生活的牧羊犬。

伯格尔·德比尤斯犬，别名博斯洪犬，因为它四肢下部呈红褐色，所以也叫"波什罗奇"，即"红袜子"。

从幼年开始，喜乐蒂牧羊犬的毛发就必须得到精心梳理。

喜乐蒂牧羊犬的被毛长而硬，但底毛短而软，这样结合起来使它的毛发显得非常浓密。

喜乐蒂牧羊犬（Shetlond）起源于苏格兰北部的谢德兰群岛。这个犬种可能是 19 世纪初期由当地牧羊犬和北欧的种杂交而成的品种。尽管喜乐蒂外形与苏格兰牧羊犬（苏格兰牧羊犬很有可能是它的祖先）相像，但它的身材不像苏格兰牧羊犬那样高大，并拥有自己的特点。喜乐蒂牧羊犬的体高最高为 40 厘米，体态优美，身形匀称。口鼻部修长，并在颈部浓密的被毛衬托下更为突出。前腿上的被毛呈漂亮的流苏状。肩膀向后倾斜，使它能够充分地活动。后肢肌肉发达，强壮结实，使它有很好的后推力：喜乐蒂牧羊犬能花最小的力气进行长时间的奔跑，这对于牧羊犬来说无疑是绝对的优势。

喜乐蒂牧羊犬矮小，但活力充沛。它懂得如何控制一大群牲畜，是一名优秀的牲畜群引导者。在谢德兰群岛，它负责引导黑面小绵羊的工作。第一次世界大战后，这个犬种由英国皇家海军的水手引进到英国，在英国它们同样也看管牲畜群。坚强有力的喜乐蒂同样也能牧牛。它天生警惕性高，防卫感强，所以它也是一只警觉的看护犬，但没有攻击性。

随着牲畜群的减少和新的养殖形式的出现，喜乐蒂牧羊犬逐渐地不再担任牧羊犬的工作。现在这一犬种多为伴侣犬。它的被毛柔软，颜色多样（有黑、红、白的三色毛；浅色和深色的貂皮色；或银色上面有黑色斑纹），还有它的聪明，这都成为它吸引新主人的法宝。

运动健将▶阿富汗猎犬　草原上的奔跑者

　　大家都知道阿富汗猎犬（Lévrier afghan）起源于阿富汗（Afghanistan），但是这一犬种的发展史却很难确定。它可能是一种短毛猎兔犬的后代（经证实，从公元前6000年开始就存在这样的猎兔犬），而由于气候的缘故，由短毛发展成现在的长毛；它也可能源于西藏梗或藏獒这两种非常古老的中亚犬种。尽管阿富汗猎犬的起源并不清楚，但别名叫作塔茨（tazi）的它已经成为阿富汗著名的犬种。阿富汗猎犬协助人类猎捕羚羊、兔子甚至豹子，它能长时间跟踪猎物，因为它有着肌肉发达的修长的四肢，并且长被毛丝毫不会影响它的活动。在阿富汗，在某些山区游牧部落里，阿富汗猎犬享有令人尊敬的地位。阿富汗猎犬登陆英国是在19世纪末或20世纪初，那时猎兔犬赛跑在英国非常流行，阿富汗猎犬也成了赛狗比赛的参赛犬种。

　　因为阿富汗猎犬的祖先们都擅长长跑，所以它们很容易就适应了跑狗场的比赛。这种赛狗起源于罗马时代，那时人们用一只活的猎物做诱饵来吸引参加赛狗的猎犬。尽管越来越难找到活的诱饵和合适的比赛场地，但赛狗比赛一直延续到中世纪甚至更晚。逐渐地，比赛改在人工场地进行，并且采用假猎物来做诱饵。虽然阿富汗猎犬不是比赛中跑得最快的，但它始终是各种赛狗比赛的常客。它有着流线型的身材，狭窄的胸部让它能深呼吸，这些特征使它奔跑起来速度非常快，但耐力稍逊一点。而比赛路程的长短通常为350米或480米。

　　阿富汗猎犬外观威严，四肢细长而灵活，被毛质地细腻，像丝一般光滑，它在20世纪80年代非常受欢迎。公寓生活对它来说没有什么不适应，但它仍然保留了它从远古祖先那儿遗传下来的习惯，那就是它需要充分的运动。

阿富汗猎犬这一犬种自古以来就存在，以至于人们称呼它为"诺亚方舟之犬"。

惠比特犬（Whippet）得名于19世纪，虽然我们无法确定这一犬种诞生的具体日期，但它出现的时间可能远远早于19世纪。惠比特犬是由猎狐梗和一种意大利猎兔犬（或者说至少有一种猎兔犬类型的狗）杂交而成，由于猎狐梗已经成了犬类竞速比赛的选手，所以作为它的后代，惠比特犬命中注定为赛狗比赛而生。自16世纪开始，英国人就热衷于赛狗，到18世纪末期，随着惠比特犬的出现，赛狗比赛再次大热。人们让它们在一个围有栅栏的场地里猎捕兔子，以此来娱乐贵族和平民。它们也参加各种各样的赛跑，例如听从主人的召唤而进行的赛跑，或用一个布头做诱饵的赛跑。

惠比特犬的英文名为 whippet，取自英文词 whip，意为鞭子，暗指这种狗的尾巴。

惠比特犬从它祖先那儿遗传过来的特征使它非常容易就适应了现代的赛狗比赛。跑狗场上有两条直道和两条弯道，作为参赛犬的惠比特犬被诱饵吸引着向前奔跑，诱饵以前是一只金属兔，现在则是以骨头的形状出现。诱饵被放置在一辆遥控小车上，沿轨道前进。还有一种更古老的方法，用线牵引诱饵，而线缠绕在一个装有马达的卷轴上。现代的赛狗比赛中，参赛狗都穿着色彩鲜艳的衣服，戴着嘴套。嘴套是必要的，当所有参赛犬冲过终点线后，它们都想去抓住诱饵，有时候会互相争斗起来，嘴套能防止它们咬伤对方。惠比特犬奔跑的速度非常快，奔跑距离为350米时，它的速度能达到每秒15米。

惠比特犬非常特别的外形也使它成为天生的赛跑狗。惠比特犬体重轻（7—10公斤），体态优雅，但它并不像外表那样柔弱，它肌肉发达、健壮结实。发达的胸廓很好地保护了它适合奔跑的心脏系统和肺部系统。拱形的脊柱非常结实，保证了强大的后推力。

短而柔软的被毛使惠比特犬漂亮的外形更为突出，我们被它深深吸引。惠比特犬在现代继续担任着赛跑犬的角色，同时也是非常受欢迎的伴侣犬。

斗牛梗身体结实，有着长脑袋，粗壮的颈部，背部短，肋骨呈拱形。

斗牛梗（Bull-terrier）自身的起源充分说明了这种狗精力如此旺盛的原因。18世纪末，在英国，斗牛犬与梗犬杂交。斗牛犬是曾与獾、公牛以及熊搏斗的犬种，而梗犬则是优秀的猎犬和高效率的捕鼠犬的后代。这两种狗杂交后产出新犬种，我们将它们的名字融合在一起，便成为新犬种的名字——斗牛梗。斗牛梗很快就成了斗狗及捕鼠比赛的冠军。捕鼠比赛当时如此受欢迎，所以法国和英国之间有鼠类贸易往来。然而斗狗和捕鼠比赛可能太血腥暴力，因此最终被明令禁止：1834年，这样的比赛在法国禁止举行，一年以后英国也对此颁布了禁令。但是，非法比赛仍然在私下秘密进行着。

通过这几十年在比赛中的打斗磨炼，现代斗牛梗保持了它不可否认的活力和固

斗牛梗自幼年起就长着像橄榄球一样的椭圆形脑袋，有着难以置信的旺盛精力。

执顽强的个性，但不再像以前的品种那样具有攻击性。其实，以前斗牛梗凶残的性格并不是其本性，是受人类激发而产生的。斗牛梗属于小型犬（体高不超过35.5厘米，体重不超过9公斤），身体结实，肌肉发达，需要经常运动。无论是散步或跑步，还是骑自行车或骑马远足，斗牛梗愿意追随它的主人到任何地方，即使到了晚上它仍不会感觉到困倦。性格活泼的它爱玩耍，玩球和接飞碟的游戏能让它发泄精力。同样，让它进行一些灵敏性的犬类运动也能消减它过剩的精力，例如让它穿越障碍物（跳板、隧道等）或避开障碍物（一排并列的杆子）。斗牛梗从幼年时就需要体育运动，但因为幼犬还没有发育完全，所以针对它们的运动强度不能太大。

斗牛梗有着蛋形的脑袋，肌肉发达的粗脖子，这样的外表明显像一个滑稽的小丑，尤其是因为它喜欢逗乐主人，它就更像小丑了。

多伯曼犬（Doberman）于 19 世纪下半叶诞生于德国。当时，有一个名叫弗雷德里克·路易·多伯曼（Frédéric Louis Dobermann）的税务官为了工作必须随身携带大量的现金。于是他决定使用护卫犬队来威慑小偷，保障自己的安全。他需要勇敢的犬种。在那个动乱的年代，他的护卫犬必须凶猛。多伯曼犬正是他培育出来的品种。我们能确定这种犬种的诞生时期，但它是由哪些狗孕育出来的，我们却很难确定。因为弗雷德里克·多伯曼没有留下任何关于培育多伯曼犬的文字资料。而且，他选择种狗只考虑到它们的性格和强壮外形，对其品种则毫不在意。但是，我们依然可以猜测宾沙犬应该是种狗之一，因为它与多伯曼犬在外表上非常相似，而它当时在德国也非常普遍。另外，有一种叫作杜宾犬的德国大型犬可能也为多伯曼犬的诞生作出了贡献。而多伯曼犬真正被培育出来则是在多伯曼死后、奥托·格勒（Otto Göller）接管他的狗队之后。

多伯曼犬在德国被称作 dobermann，结尾有两个 "n"，这取自它的培育者的名字。而这种狗的法语译名（doberman）则只有一个 "n"。

多伯曼犬长期以来被认为是一种凶猛、难以驯养的犬种。难道是因为一开始它是作为护卫犬出现，所以才有了这样的坏名声吗？无论如何，多伯曼犬凶残的个性并不是天生的，而是人类造成的。任何一种狗，只要你教它凶猛，它就会那样。一只像多伯曼犬这样强壮有力、活跃、勇猛的狗并不一定就很危险。多伯曼犬喜欢和主人结伴进行活动。它对主人绝对忠诚，随时随地保护着主人，当然，这不意味着它会扑向所有人！多伯曼犬的头长而瘦削，看上去非常威严，而不是凶神恶煞。虽然它保留着强壮的体格和防御能力，但它仍不失为一种讨人喜欢的伴侣犬。

拳师犬（Boxer）的祖先是古代獒犬。这种獒犬深受希腊人和罗马人的喜爱，大部分是由古埃比尔山上的莫洛斯人所饲养。它们勇敢，富有攻击性，所以它们直到文艺复兴时期都活跃在人类战场上。而在和平时代，它们参与狩猎，看家护院，参加竞技比赛，与古罗马斗士、公牛或熊决斗。所有这些活动起到了优胜劣汰的作用，使这一犬种中最强壮的个体存活下来，并继续繁殖。罗马人侵略别的国家时带着这种獒犬，它们中有一些狗就在罗马人入侵的国家留了下来（如法国、英国，特别是中欧的一些国家）。因此不同国家的好几个犬种都是源于这种獒犬。按照这种说法，我们可以说当今有着大脑袋、身形强壮、肌肉厚实的所有大型犬（不分种类）都是獒犬的后代。例如，波尔多大丹犬、那不勒斯马丁犬、英国斗牛犬和德国原始牛头犬。其中最后这两种犬就是拳师犬的起源。虽然拳师犬的名字从字母组合

拳师犬对家庭的每一个成员都十分热情，它喜欢和孩子一同玩耍。

来说是英语，而不是德语，但拳师犬的诞生地却是德国，诞生时间为19世纪末。原始牛头犬，被称为追咬公牛的狗，在当时属于令人生畏的猎犬，现在这一犬种已经消失。尽管斗牛犬也参加很多角斗，但相比较而言要温和一些。这两种犬种结合在一起产生出第一代有着坚强个性的拳师犬。因为拳师犬和斗牛犬之间如此相像，所以德国首批拳师犬俱乐部认为拳师犬与斗牛犬的血缘关系更亲近。它们的不同之处在于：拳师犬没有斗牛犬的攻击性，而且凸颌的特征更为突出。

如同所有的獒犬一样，拳师犬的口鼻部较短：口鼻部和前额之间有一个明显的凹陷，使得它的下颚比上颚突出。因此我们称这种面部特征为"凸颌"。鼻子朝上，位置靠后。它强有力的颌部显然是遗传于德国原始牛头犬。

从它两位祖先那里，拳师犬同样也遗传到了发达的肌肉和干燥无褶皱的皮肤；

而它矮壮的身材则更多遗传自斗牛犬，因为斗牛犬就是一种身材矮壮结实的狗。除了外形特征，拳师犬从它祖先那儿还遗传到了什么性格特征呢？它和它的祖先一样精力充沛，活力四射，却不像祖先那样凶残。拳师犬不会老老实实待在一个地方，它需要跑、跳和玩耍来发泄它的精力。如果它可以进入花园玩耍，或者定期做运动，那么它可以适应公寓生活。必须要合理利用和安排拳师犬旺盛的精力，这样才能让狗和它的主人都感觉舒服和满意。拳师犬成年后仍然像幼年时那样喜欢和人类嬉戏，尽管此时它的体重已经达到 25—30 公斤，因此我们必须给它某些限制，当然这也不是说限制它所有的活动。拳师犬特征鲜明的外形和镇定的性格，使它成了优秀的工作犬，特别是护卫犬。它反应灵敏

拳师犬有着方形的头部，宽阔的胸膛，前肢长且直，后肢大腿宽且弯曲，这种犬种的身材十分结实。

准确，并懂得如何按照指令去行动。

最后，獒犬似的大脑袋和旺盛的精力难道不是拳师犬受欢迎的关键因素吗？

饲养人可能在拳师犬 7—9 个星期大时会将它的耳朵部分切除，目的是让耳朵剩余的部分直立起来。

| **因强悍而受罪的狗**

罗威纳犬（Rorrweiler）属于德国犬种，某些人认为它是牧羊犬和牧牛犬（尤其是巴伐利亚牧牛犬）结合之后产生的品种。然而，罗威纳犬紧密的被毛和短得几乎没有的尾巴却更容易让人将它归入莫洛斯犬之列。如果我们要研究罗威纳犬的起源，那么似乎应该从马丁犬身上着手。马丁犬在德国被奉为犬类的始祖，它是中世纪杜宾犬的祖先。更确切地说，罗威纳犬的诞生地是德国符腾堡的罗特韦尔。这种黑色有红褐色斑纹的大型犬最开始的工作是看护牲畜群和保护主人。20 世纪初，家畜几乎不再需要迁移放牧，罗威纳犬的用处越来越少。于是，它继而转行成为防卫犬，为许多国家的警察部门和军队工作。就这样，罗威纳犬不仅在警察部门和军队内部声名大振，而且声名远播至世界各地。公众都认为它是一种非常有威慑力的犬种，也正因为如此，罗威纳犬的烦恼开始了……

罗威纳犬强壮，有耐力。它的性格和它的外表非常匹配：它性格沉着镇定，

看上去气势强悍，具有犬类领导者的风范（就像许多狗一样，身形大小决定了它们的等级划分）。它对主人绝对忠诚，护主心极强。如果它的主人好斗，并喜欢刺激它，那么它可能变得很有攻击性。所以危险往往是来自罗威纳犬的主人，而不是狗本身。许多罗威纳犬被训练得凶悍且颇具攻击性，因此这种犬被列入危险犬种，并要按照有关危险犬种的法律条规来饲养。按照法规，每一只被饲养的罗威纳犬都必须在市政府登记备案，出门必须佩戴狗绳和嘴套。

但愿罗威纳犬今后的日子会越来越好，它的价值将能得到一个公正的评判：这是一种需要系统训练的狗，同样也是一种能与成人和小孩温柔相处的狗。

罗威纳犬被毛的基础色为黑色，面颊、眼睛下面、前胸以及爪子上有红褐色斑纹。

直到 19 世纪，雪纳瑞犬（Schnauzer）都被称为刚毛宾沙犬。当时在德国存在各种体形、各种颜色的宾沙犬。其中很多类型因其特征，从宾沙这一犬种中分离出来形成了新的独立犬种。雪纳瑞犬便是如此。雪纳瑞犬又分为三种不同的类型：迷你型（体高 30—35 厘米），标准型（体高 45—50 厘米），巨型（体高 60—70 厘米），巨型雪纳瑞在它的发源地又被叫作里森雪纳瑞。巨型雪纳瑞可能是标准雪纳瑞和佛兰德牧羊犬、德国大丹犬杂交之后的产物。因为巨型雪纳瑞能与马自如相处，所以自中世纪开始，它的工作就是看护马拉驿车和驱赶马厩中的老鼠及其他害兽。因此人们也称它为"马厩卷毛狗"。这种犬直到 20 世纪初都只为巴德和符腾堡地区的居民所知。1907 年等它正式获名为巨型雪纳瑞后，它才在整个欧洲流行开来。

雪纳瑞犬的德文名为"Schnauze"，在德语中是口鼻部的意思，雪纳瑞犬的口鼻部长有长胡须，因此这个名字与这种犬种非常匹配。雪纳瑞犬结实修长的头部和明显的凸颌衬托了它长有长胡须的口鼻部。为了突出其口鼻部的特点，我们在给它修剪毛发时将长胡须保留（长眉毛也保留），

巨型雪纳瑞的被毛可以是黑色，或椒盐色（灰和白），带有比底色更深一点的斑纹。

而头部其他部分的毛则剪短。巨型雪纳瑞的外形令人印象深刻，它体格健壮（身体的高度和长度的比例接近正方形），有着拱形的颈部，背短，四肢肌肉发达。巨型雪纳瑞强壮的体格也决定了它强悍的个性，所以它必须接受正确的培训。它精力旺盛，活泼好动，需要进行大量的运动。现在它也是受人们喜爱的伴侣犬：它喜欢和小孩生活在一起，和他们嬉戏。它的外形和个性都使它对饲养它的家庭绝对忠诚：假如它爱你，那么它一生都会对你忠贞不渝。

　　莱昂贝格犬来自哪里？表面上，这种犬种的发展历史很简单，然而事实并非如此。19 世纪，某个名叫亨利希·埃西希（Heinrich Essig）的养狗人，住在德国的符腾堡。据他称，他每年能培育出 200—300 只狗。他将他饲养的狗卖给莱昂贝格市的狗市场。这个狗市场自 13 世纪闻名以来，一直是传播山地犬最好的途径之一。狗的需求量正处于上升阶段，尤其是大型犬（高 80 厘米及以上）更是供不应求。埃西希的确是一名优秀的商人，一些著名人物都是他的顾客，如拿破仑三世、爱德华七

莱昂贝格犬的被毛长而光滑，鬣毛微卷，前肢的被毛呈流苏状。尾巴毛浓密像扫帚。

莱昂贝格犬和它的祖先之一纽芬兰犬一样，也拥有蹼足。无论是沙滩还是大山，它喜欢生活在室外。

世，还有作曲家瓦格纳（Wagner），而这些人也促使他对自己饲养的犬种进行完善。为了培育出更优良的大型犬，埃西希将兰西尔犬、圣伯纳犬与比利牛斯山以外的犬种进行杂交。为了使新犬种与圣伯纳犬（尤其是来自圣伯纳收容所的圣伯纳犬）区别开，他又将它们与纽芬兰犬杂交。经过这样一系列的杂交之后，某些外形与圣伯纳犬有区别的巨型犬诞生了。当时埃西希为了寻找种狗跑遍了德国和瑞士，他可能用了一些非名种的犬种。

而19世纪七八十年代，研究圣伯纳犬的专家们认为莱昂贝格犬是圣伯纳犬的"私生子"。的确，莱昂贝格犬有着黄褐色被毛（颜色从金黄过渡到红棕色，面部为黑色），从遗传角度来说，好几代莱昂贝格犬都保留着圣伯纳犬和兰西尔犬被毛上白色的斑纹，这是埃西希不可能成功去除的。

关于莱昂贝格犬起源地的第二种假设，是猜测它来自瑞士。它可能来自瑞士莱昂贝格地区（Löwenberg，即狮子山的意思）。第三种假设则假设它是阿尔卑斯山大型犬的后代，这种阿尔卑斯山犬当时在整个阿尔卑斯山山区非常普遍，但现在已经消失。和这种阿尔卑斯山犬一样，莱昂贝格犬的工作是看管牲畜群和引导它们进山吃草。

莱昂贝格犬是一种山地莫洛斯犬。山地莫洛斯犬与大丹犬、其他莫洛斯犬相比，更加灵活，头部也没有它们大。狼、熊之类的大型捕食类动物当时在阿尔卑斯山和比利牛斯山经常出没。莱昂贝格犬由于体形大而被用来保护牲畜群免受这些捕食动物的侵袭。依据贝格曼法则，莱昂贝格犬的体形与它生活的环境有关：寒冷地区野生动物的体形通常比温暖地区和热带地区的动物大，因为体形越大，它越能保持身体内部的热量。

莱昂贝格犬这种大型犬的体高最小值为 65 厘米（对于雌性来说），最大值为 80 厘米（对于雄性来说），体重为 60—80 公斤。它的身长比身高数值大，颈部强健，背部坚实，腰部强有力，四肢肌肉发达。它有着和狮子类似的黄褐色被毛，面部有黑色斑纹，而颈部周围、前肢足踝处（前肢流苏被毛）、屁股上（后肢流苏被毛）的被毛颜色较浅。

莱昂贝格犬强壮的体形和浓密的被毛令它看上去非常威严，但是它一点也不凶悍。它的个性无拘无束，与人友善，具有威慑力（它是一种优秀的看护犬），但一点也不咄咄逼人。有时候它显得有点无精打采，但规律的运动能让它恢复活力。莱昂贝格犬温顺、忠实，它喜欢用行动来证明自己的情感，喜欢被人爱抚，当然，身躯庞大的它和人类嬉戏起来动作幅度恐怕会有点大。和小孩在一起，它懂得保持平静，任凭小孩对它做什么它都不会生气。莱昂贝格犬的温顺可不是浪得虚名的。

我们可以确定沙皮犬的发源地为中国，但是无法确定它的诞生时间。从汉朝某些陵墓中发现的陶瓷小雕塑与这种犬有几分神似。于是我们相信沙皮犬从两汉时期（西汉和东汉）开始可能已经存在，而两汉时期跨越了四个世纪，即公元前206年至公元220年，因此我们很难确定它出现的具体时间。

沙皮犬从诞生之后一直担任着各项工作。因为它知道保护领地，对入侵者具有威慑力，所以人们让它看守寺院。同时它还是狩猎犬，也作为斗犬参加角斗。由于它具有一身与生俱来的松松垮垮的皱褶皮肤，而且绝对够厚，像"盔甲"一样罩住

全身，所以在角斗场上与敌方打斗时，不会被咬住皮而受伤。由于某种历史原因，沙皮犬这一犬种在20世纪50年代差一点灭绝。当时有一个名叫罗马戈（音译）的养犬人带着他饲养的沙皮犬到了香港，在那边他继续饲养沙皮犬，这才使这种中国犬种保留了下来。沙皮犬于20世纪70年代出口到美国，在美国它成为艺术家的宠儿。虽然该犬种的数量有所增加，然而它依然不是一个非常普遍的犬种。

沙皮犬的体形中等，身体结实，以一身满是褶皱的皮肤为特色。前额和面颊处的褶皱下垂如此厉害，以致形成了颈部垂皮。某些人觉得，它平而宽又满是褶皱的脑袋与河马有几分相似。尾根粗而圆，逐渐变成一个细尖。尾巴位置长得很高且弯曲，这也是这种犬的一个有趣特征。当然，就像对于每一个有着独特魅力的事物一样，关于沙皮犬的评价也是两方面的：有对它喜爱至极的人，也有讨厌它的人。

"沙皮"在中文里有鲨鱼皮或砂纸的含义。这种犬之所以被称为沙皮犬，是因为它幼年时被毛特别柔软，但成年之后就和其他犬类一样手感粗糙，如同打磨用的砂纸。

吉娃娃来自美洲，它可能诞生于墨西哥北部一个叫作吉娃娃的地区，因此而得名。它可能是太吉吉犬的后代，这是哥伦布发现新大陆之前就存在的犬种。因此，虽然吉娃娃的起源并不清楚，但我们知道它是一种极其古老的犬种。吉娃娃那时被阿兹特克人饲养，受他们崇拜，它也参与阿兹特克人的某些宗教仪式，有时候也会作为祭品被奉献给神灵。在家庭里，吉娃娃被视为吉祥物，但也会被当作食物。当西班牙人入侵墨西哥时，他们的大屠杀差点令吉娃娃犬绝种。幸亏某些吉娃娃犬被运到了美国，这一犬种才保留了下来。19世纪美国人开始饲养吉娃娃犬。而这种犬种到达法国则是在近1960年，法国人将它们当作伴侣犬。

吉娃娃体高20厘米（最大值），体重2公斤（最大值），是世界上最小的犬种。体重为3公斤的即被认为是大型吉娃娃。然而它并不像长毛犬，它喜欢运动。所以至少每天应该带它出门活动一下。我们总看见吉娃娃犬穿着外套，其实不是所有的外套都是为了漂亮而穿的。因为它体形小，所以它有时会畏寒，天冷外出时需加外衣御寒。有时，它也担任看护犬的工作，尽管它不具有一般看护犬高大的外形，但它会奋力吠叫来提醒主人。体态轻盈的吉娃娃其实有着结实的肌肉。它身体结实，呈圆筒形，四肢短小而纤细。头部圆圆像苹果，两只大耳朵分得很开。口鼻部短，而且有点尖。这种犬又分为两种不同的类型：短毛吉娃娃和长卷毛吉娃娃。各种颜色的被毛均存在。无论什么犬种都应该得到良好的训练，虽然吉娃娃的体形小，但我们也不能忽视对它的训练。其实无论何种训练都无法阻碍它对主人的热爱。对它来说，做一只伴侣犬就是它的第二本能。

要了解骑士查理王犬（Cavalier King-charles）的历史，首先得熟知查理王的历史。查理王，又名查理王犬，源于亚洲，后经西班牙引入欧洲（时间不详）。自16世纪以来，查理王犬在英国逐渐流行。亨利八世执政时期，宫廷内只准饲养此种犬。由于体形较小，查理王犬常被贵妇人置于膝上或裙摆下，用以取暖。查理王犬之所以誉满全英国，要归功于英国皇室斯图亚特家族（Stuarts）。其实，它也因英王查理二世而得名。据说，玛丽·斯图亚特被推上断头台时，裙下就藏有一只查理王犬。传闻查理二世更是时刻不与他的爱犬分离——为此，他专门制定一条法律条规，允许查理王犬在公共场所活动。英王查理二世的妹妹——亨利埃特·安娜·斯图亚特（Henriette-Anne Stuart）——在与法王路易十四之弟完婚后，身为奥尔良公爵夫人（duchesse

骑士查理王犬的毛色多样，分以下三种：单色、双色及三色。

d'Orléans）的她将其宠物犬也一并带至法国；詹姆士二世在其兄长查理过世之后即位，也延续了王室的传统，常由查理王犬陪伴其左右。到19世纪，英国宫廷中出现了哈巴犬和北京犬。这两个品种具有一个共同的特征：鼻子扁平。而这一特征使它们当时大受欢迎。在这一新的审美标准的影响下，饲养者们想方设法让查理王犬也具有扁平的鼻子。从此，新、老两个品种的查理王犬共存于世（老品种口鼻部突出，呈圆锥形；新品种则鼻子扁平）。直到20世纪初期，老品种的查理王犬逐渐淡出人们的视野。但也有一些恋旧者试图寻找幸存的老品种查理王犬来挽救这即将消亡的品种，其中，美国的罗斯韦尔·艾尔德里奇（Roswell Eldrigde）希望通过悬赏寻找嗅觉灵敏的查理王犬老品种。最后，领取奖金的是一个名叫费尔迪·欧·莫纳姆（Ferdie of Monham）的人。他成了挽救老品种查理王犬的功臣。为了区别这两种不同的查理王犬，从1945年起，这两个品种被分别命名。人们把老品种（口鼻部呈圆锥形）命名为骑士查理王犬，而面部扁平的新品种仍然叫作查理王犬。20世纪60年代，在玛格丽特公主及其爱犬罗莱的推动下，骑士查理王犬在英国又重新流行开来。

骑士查理王犬，又名骑士查理王獚。此犬与查理王犬不属同一品种，不可将二者混淆。

该犬种名字中的"骑士"一词一般有两种解释。有人认为,"骑士"指英王查理一世的支持者,与议会的支持者"圆头党"相对;而另一些人则认为,它与《骑士的宠物》(*The Cavalier's Pet*)这一幅画有关。艾尔德里奇曾以此画作为依据,来寻找查理王犬老品种。

骑士查理王犬属于犬类第九组别(玩具或伴侣犬组)中的英国长毛垂耳玩具犬。它体形较小:体高不超过34厘米,体重不超过9公斤,所以有时也被称作"玩具犬"。骑士查理王犬躯干较长,四肢短小,足部坚韧有力;头部较圆,嘴鼻前突(不长),呈圆锥形,有时呈方形;耳朵耳跟较高,多羽状被毛。该犬的被毛长而轻,丝质,略带波浪,毛不易打结。其毛色分为以下几种:黑黄相间、红宝石色(纯红色)、白色带栗色斑纹和三色相间(黑、白和栗色)。

骑士查理王犬除了体形、被毛讨人喜欢外,它的性格也惹人喜爱。它温顺、安静,与人友善,能适应公寓生活。同时,它也充满活力,喜爱嬉戏、运动(它具有猎猴的血统,曾经以至现在有时仍被当作猎犬)。骑士查理王犬灵敏温顺、聪明活泼,堪称伴侣犬中的楷模。

除作为伴侣犬之外,骑士查理王犬也曾是出色的猎犬。

在 19 世纪，工业革命促进了英国经济的繁荣与发展。苏格兰的矿工们背井离乡，前往约克郡寻找工作机会。随这些矿工前去的还有一种名叫克莱兹代尔（clydesdale）的小型梗犬，此犬是凯恩梗犬、丹迪丁蒙梗犬和斯凯梗犬之间的杂交品种。克莱兹代尔梗犬（名字源于原产地）与约克郡本地的杂毛梗犬杂交，繁育了约克夏梗犬（Yorkshire-terrier，也叫苏格兰杂毛梗）。它被用来捕捉矿井里的老鼠，或猎捕藏在洞里的鼬和獾。当然，在这些偷偷进行的狩猎活动中，约克夏梗犬成为猎人们的理想工具，因为它体形较小，方便被隐藏到袋中。

后来，约克夏梗犬虽不再捕猎，但仍喜爱在大自然中运动。尽管梳洗打扮之后它显得优雅高贵，但是不可否认它是一种活泼好动的犬类。约克夏梗犬一般体高 20 厘米，体重 3 公斤，身体健硕，四肢笔直，爱运动。它身体上的被毛长而直，精细得如丝一般，毛色多为钢蓝色（非银色）；它头部及肢体下端的被毛较长，呈金黄色；胸前毛发为深棕色。约克夏梗犬的毛发需要每天进行护理。当毛发变脏之后（作为梗犬类，约克夏梗犬仍保留着挖洞的习性），要及时清洗。吹干时，动作尽量要轻，温度不可过高，以免伤害毛发角质层或折断毛发。修剪前，要对毛发进行梳理：将其分为两路，并用弹性丝带捆扎头部毛发。捆扎时，将毛发从两边垂下，露出耳朵、眼睛和鼻子。真难以想象，曾经的猎犬如今却扎着各式各样的丝带，所以说生活有时会有很多惊喜……

一条丝带并非适合所有约克夏梗犬，主人要根据爱犬的体形和性格来挑选！

16世纪期间，少数欧洲人来马达加斯加岛定居，并带来了当时很流行的比雄犬。它们与当地犬类杂交繁衍出一新品种，人们根据马达加斯加一座城市的名字，将其命名为图莱亚尔绒毛犬（Coton de Tuléar）。经过几个世纪的自然选择，白色长毛的绒毛犬品种（耐炎热气候）得以存活。1977年，此品种绒毛犬引进到法国，并迅速风靡起来。此后，越来越多的马达加斯加绒毛犬被出口到法国。到最后，该品种只存在于法国，而在其原产地——马达加斯加，如今已无人饲养。图莱亚尔绒毛犬的被毛雪白而美丽，让它看上去像只小熊，略带一丝异国色彩，这也就解释了为什么这么多人对它情有独钟了。

如此漂亮的被毛当然需要精心呵护。图莱亚尔绒毛犬被毛略带波浪，如同棉花丝一般精细。这种轻盈的毛发很容易打结，因此每日都要梳理，去除毛结。要是长时间不梳理的话，这些毛结会收紧、变大。此时，就不得不剪去毛结部分，甚至剪光全身的毛发，而毛发大致需一年时间才可恢复。生活在城市或受污染影响的绒毛犬，要经常洗澡。洗澡时，要注意保护绒毛犬的长绒毛。如果经常梳理绒毛犬的绒毛，可不必经常洗澡，因为梳理毛发的同时也清除了黏附在上面的灰尘。梳洗之后，可适当对它进行按摩，但不可揉搓，以免毛发打结。

雪白的长绒毛让绒毛犬显得与众不同，引人关注。它那温顺的性格让它更加受人青睐。虽然绒毛犬爱运动（其祖先曾是猎犬），但它也愿意长时间与主人静静待着，很讨人喜爱。总而言之，无论是触觉上还是性情上，图莱亚尔绒毛犬总让人感觉温柔无比。

躯干修长，头部呈圆形，鼻端发黑，被毛雪白而轻盈，这就是图莱亚尔绒毛犬的写照！

93

贵妇犬（Caniche）的祖先是来自地中海彼岸的非洲巴贝犬。公元700年左右，柏柏尔人带着他们的牧羊犬，跟随伊斯兰大军入侵葡萄牙、西班牙及法国南部。这些牧羊犬与当地的犬种（特别是葡萄牙水犬）互相杂交。732年，阿拉伯人战败后，将少量牧羊犬遗留在波瓦提埃。这些犬只于是渐渐与当地犬类融合。接下来的几个世纪里，这些当代贵妇犬的祖先扮演着牧羊犬和水上猎犬的双重角色。它们时而被称作"巴贝犬"，时而被称作"水猎犬"，甚至还被称作"巴贝水猎犬"。布封在《自然史》中就用"巴贝水猎犬"来称呼贵妇犬。然而，随着承担护卫工作的巴贝犬数目不断减少，贵妇犬更多地被用来狩猎，两者逐渐产生区别。不过，17世纪时，部分贵妇犬开始离开沼泽，走向沙龙。直到19世纪末、20世纪初，贵妇犬逐渐为人所熟知。法兰西第二帝国时期，经过精心修剪再洒上香水的贵妇犬，已颇具尊贵典雅之气。但同时，它也担当着下列职责：搜寻块菌、为盲人引路（它作导盲犬的时间非常短）、参加马戏表演。1900年，贵妇犬成为法国最流行犬类之一。当时的贵妇犬被毛多为黑色或白色，体高为40—45厘米。

如今，根据体形，贵妇犬被分为以下四种：玩具型贵妇犬（体高不超过28厘米）；迷你型贵妇犬（体高为28—35厘米）；中型贵妇犬，即原品种，也称标准型贵妇犬（体高为35—45厘米）；巨型贵妇犬（体高为45—60厘米）。另外，在原有毛色的基础上，又出现一些新的毛色：灰色、栗色和杏色。灯芯绒贵妇犬被毛柔软而质密，如同细绳一般，是一种罕见的新品种。贵妇犬被毛卷曲而浓密，质地细腻而柔软，便于修剪。实际上，19世纪以来，贵妇犬躯干后部的毛发常被剃除，以便在水中行动。贵妇犬也常常被修剪成狮子造型。几个世纪以来，此造型早已誉满天下。

这只灰色贵妇犬经修剪后，尾巴呈毛球状。

这只杏色贵妇犬的造型在日常生活中很常见：头部和躯干都是按同一方法修剪的。

要给贵妇犬修剪出这一造型，须先剃除其口鼻部和脸部的毛发，保留其头顶和耳朵处的蓬松绒毛，使两者之间形成对比；再剪去整个躯干后部（包括臀部、肋部和腹部）及尾巴上的毛发，只保留尾巴尖处的毛发，修剪成绒球状；另外，再剃除四肢上的被毛，保留足爪上部被毛，腕部形成或大或小、或多或少的绒球，有点类似于人类的手镯。这种古老的修剪方法又衍生出以下几种新的造型：英式造型，增多毛绒球个数，前肢剪成三个"手镯"式绒球；现代式造型，也称扎祖①式，全身毛发被修剪成同一厚度，此造型是狮子造型的简化版。在现代式造型中，躯干和四肢上的皮毛只是被剪短，并非像头部及尾部的毛发那样剃干净。现代式造型是如今最常见的一种造型，其他更高雅的造型一般出现在观赏型的贵妇犬身上。选美比赛上，人们尽可能地将贵妇犬装扮得高雅优美，以期夺冠。

一般而言，贵妇犬修剪一次可维持近两个月，但这并不意味着不用再梳理毛发（每周一到两次）或不用再洗澡（每月一次）。贵妇犬的这些造型令人无比惬意。这个快乐而聪明的伴侣不甘寂寞，喜爱在热闹的家庭氛围下生活。

这只白色贵妇犬脸部被毛全被剃除，在拉直的浓密卷毛映衬下更为突出。

---

① 扎祖，法文"zazou"，指20世纪40年代法国年轻人追捧英美服饰和爵士乐的浪潮。它崇尚自由、另类、个性，是对传统概念的离经叛道。——译者注

尽管难以确认北京犬（Pékinois）起源的时间（4000年前或6000年前），但有一点可以肯定：它是最古老的犬类之一。正如其名字指出的那样，北京犬来自中国。公元1世纪左右，佛教传入中国，北京犬从此披上一道神圣的宗教色彩，因为它被认为是绒猴（面部相近）和狮子（皮毛相似）结合后的产物，而狮子又是佛教的象征物之一。因此，北京犬便扮演起护卫者的角色。那时，北京犬被看作亡灵的卫士，在其主人去世后，经常被用来作祭品。之后，直到19世纪前，北京犬都是历代王朝宫廷的玩赏犬，从未踏出皇宫半步。乾隆年间（1736—1796），北京犬渐渐成为一种神化的动物。慈禧太后掌权时期，北京犬得以大量繁育。太后本人甚至有时亲自挑选北京犬，来搭配自己的衣服。1860年，圆明园遭洗劫时，大量北京犬被屠杀，以免落入敌军之手遭到亵渎。不过，五只北京犬还是被带往英国。其中一只名叫路提的北京犬被献给维多利亚女王，而剩下的几只被赠给里士满（Richemond）公爵夫人，并成为欧洲北京犬的先祖。1900年左右，北京犬传入法国。

北京犬躯体和四肢较短；尾巴多浓密饰毛，高翘；耳朵呈心状，毛发浓密；颈部有鬃毛环绕。这些特征让北京犬看上去像个毛绒球，特别当它不运动、懒洋洋地躺在那里时。北京犬很依赖主人，喜欢主人帮它梳理毛发。它那长而密的毛发要每天或每两天梳理一次。如果毛发打结了，可撒上滑石粉来帮助梳理。保养较好的皮毛摸起来很舒服、很惬意……

浓密的鬃毛环绕北京犬颈部，使它看上去像一头小狮子。

西施犬（Shih-tzu）源自西藏地区，是西藏本地古老品种——拉萨犬与北京犬之间杂交繁育的后代。早在17世纪，达赖喇嘛就曾向皇室进献过此品种的狮子狗。不过，也有一些历史研究者认为，这个犬种的饲养源于明朝（1368—1644），并在清朝（1644—1912）继续。不论如何，西施犬迅速在中国扩散开来，皇家宫廷更是对它青睐有加。西施犬的叫声常宣告着皇帝驾到。而它所到之处，平民都小心让路。1861年，慈禧太后开始垂帘听政，她将西施犬与北京犬放在一起饲养，西施犬从此名扬天下。此犬之所以在中国大受青睐，还因为它被认为是吉祥之物。出征之时，携带几只西施犬，可确保马到成功。另外，西施犬也可充当护卫犬的哨兵：它

的听觉极其敏锐，哪怕再微弱的声响，它也能觉察到，并唤醒负责护卫的其他犬类。最后，由于个头较小，贵妇人们可将它如手笼般置于衣袖之内，用以取暖。

虽然西施犬举止高傲，但它仍不失活泼、温和。它特喜欢被人照顾，乐于接受梳洗。它的毛发长而密，若经常梳洗的话，很容易打理。一般情况下，每周梳理两次即可。梳理前，可用水先将毛发打湿（使用无矿质的水，以免损伤毛发）。头部的毛发可适当修剪，在口鼻处剪出层次，再将其捆扎起来（使用丝带当然更好）；尾巴的毛发可按同样的方法处理，以方便其行走。这只欢乐的"小狮子"性格温顺，理智的结合造就了这一完美的家犬。

西施犬头部呈圆形，长满胡须，躯体长而结实，尾巴上扬。

松狮犬（Chow-chow）是一种非常古老的中国犬类（两千年前它在中国生活），可追溯至新石器时期西伯利亚东部的阿依努族人所饲养的犬类。这一地区先后被匈奴人和蒙古人占领。当然，他们的犬只也随之而来，并与当地的犬类融合。两者杂交繁育的后代即为松狮犬的祖先。在东方，这类杂交犬充当着各种不同角色。15世纪，此犬被当作猎犬使用；而后在蒙古，它充当牧羊犬，负责守卫牲畜群；满族人则用它来拉雪橇。17世纪时期，松狮犬开始传入英国。但直到19世纪，即1865年，有人将一条松狮犬进献给维多利亚女王之后，它才被人们熟知。

1887年，英国人开始饲养松狮犬，并试图使它变得友善。同时，也增强了它其他的一些身体特

舌头呈蓝黑色、愁眉紧锁、皮毛粗厚，这些是松狮犬最突出的特征。

征,特别是皮毛和"愁容"。松狮犬"愁容"这一特征,尽管在英国人人工干预之前既已存在,但它并不是松狮犬祖先所具有的特征。这个品种并不是当代繁育的,也绝不是起源于英国,但英国是欧洲第一个饲养松狮犬的国家。

松狮犬具有下列身体特征:首先,舌头呈蓝黑色(上颚、嘴唇及下颌都可为蓝色或黑色);其次,体内温度(39℃)较其他犬类要高;再次,前肢几乎笔直(跗骨与腿之间几乎垂直,无角度),便于跨大步,但步姿略显高傲;最后,"愁容",这一独特表达指松狮犬眼部附近褶皱过多,导致其眉头紧皱。这些褶皱是由于耳朵前突造成的,并非由于皮肤松弛导致的。松狮犬被毛厚实(特别是颈部鬃毛),底毛浓密,毛色单一(棕色、黑色、蓝色、红色、奶油色或白色),躯干后端及尾巴处毛色较浅。这一切再加上它那满面的"愁容",使得松狮犬看上去像个绒球似的。康拉德·劳伦兹(Konrad Lorenz)甚至将它比喻成"吃撑的小熊"来

表达他对当时过多饲养松狮犬的不满(见《狗的家世》),但松狮犬仅是一种温驯的动物罢了。

事实上,松狮犬还保留着过去那种高傲而独立的天性,它无法被教化,只能被驯服。不过,一旦坚信能被主人理解时,它便对主人忠心耿耿、言听计从,勇敢无比地为主人守卫家园。松狮犬神情镇定自若,是种令人生畏的看护犬,对周围一切都很警惕。然而,它并不友善,也不需要时刻不停地被抚慰。松狮犬散步时会比较活泼,因为它非常喜爱运动。

物以类聚,人以群分:松狮犬需要并能吸引那些性格果断甚至有些特异的主人。它是西格蒙德·弗洛伊德最钟爱的犬类,曾多次陪伴他。要想读懂并爱上这种与众不同的犬类,我们自己是否也应该与众不同一点呢?

松狮犬的被毛也可为单色,或黑或棕;躯干后部被毛颜色稍淡。

澳洲野犬（Dingo）的起源颇具争议。有人认为，大约 15000 年到 20000 年前，澳大利亚大陆尚未与其他陆地分离时，野生的犬类开始进驻澳洲。然而，塔斯马尼亚岛从 12000 年到 14000 年前才与澳洲大陆分离，但在该岛上并未发现澳洲野犬存在，于是可以肯定，该犬类是在此次大陆分离之后出现在澳洲的。另一些人则认为，土著居民于 8000 年到 10000 年前将该犬带入澳洲。该论断将澳洲野犬定义为野化的家犬，它的学名为"澳洲野化家犬"（Canis familiaris dingo），但当它被认为是完全野生时，它的学名为"澳洲野犬"（Canis lupus dingo）。无论之前曾是家犬，还是一直都是野犬，澳洲野犬这一犬种既无官方认定标准，又无品种系谱。

澳洲野犬主要生活在澳大利亚北部。它的领地要足够大，才能满足其生存需求。它们单独或成对捕食小型猎物（兔和有袋动物），或者六七只一群合作捕食较大猎物（袋鼠）。澳洲野犬也捕食鸟类、爬行动物以及羊。

澳洲野犬常袭击家畜。为了阻止这些洪水般的猛兽，人们专门建立了大规模的防犬围栏。该围栏长达 9650 公里，圈出一块地供它们过野生生活。澳洲野犬每年繁殖一胎，这也是它们与家犬的区别，后者每年繁殖两胎。澳洲野犬被封闭在一个被保护的生态系统内，这个系统几乎未被人为改变（除引入野兔外）。在那里，它们像尚未被驯化的原始犬种那样，过着原始的生活。

跟大多数野犬一样，澳洲野犬毛色呈土色，过着群居生活。

阿根廷杜高犬的培育史可谓家喻户晓，在犬类品种选育史上也是独一无二。20世纪初，科尔多瓦大学（l'université de Córdoba）遗传学教授安东尼奥·诺瑞斯·马丁乃兹（Antonio Nores Martínez）热衷于狩猎活动，但他对欧洲产的猎犬很不满意，因为这些猎犬无法对付南美草原上的可怕对手——美洲豹、丛林狼、西貒和野猪。为何不培育一个新品种来猎捕这些美洲猎物呢？1920年，在其兄奥古斯特（Augustin）的帮助下，他选取了本地的科尔多瓦古老斗犬与其他几个品种杂交。根据其表现出来的性状，再对这些杂交后代进行选择。性状选择的标准包括：能适应狩猎（骨架来自德国大丹犬，肌肉来自拳师犬）；勇敢面对大型猎物（源自斗牛犬或斗牛梗）；拥有雪白无瑕的皮毛，以免与猎物混淆（源自比利牛斯山蒙坦尼犬和斗牛梗）。

1956年，安东尼奥·诺瑞斯·马丁乃兹被刺身亡，选育工作由其兄继续负责。直到1960年，阿根廷杜高犬这一品种终于面世。1980年，杜高犬被引入法国，尽管它的大块头无法让人忘记它作为猎犬的起源，但它在法国主要的工作是看家护院。杜高犬作为莫洛斯犬的一种，头骨宽大，上下颚咬合力较强，方便撕咬猎物。它的耳朵位置较高，需经常剪耳，以避免被对手咬伤。它身体健硕，但不显笨拙，前肢修长，后肢发达有力，善于长时间奔跑。杜高犬也是目前唯一产自阿根廷的犬种。俗话说，初次尝试，却干得如行家。

依据标准，阿根廷杜高犬毛色应为纯白色，这使它那又圆又大的黑色鼻子十分显眼。

　　杂交犬（Corniaud）并非杂种犬，反之亦然。杂种犬源自两个已知品种之间，或者一个已知品种与另一未知品种之间的结合。而对于杂交犬，我们一般无法得知其亲代品种，也无法确定其血统。某条犬要获得血统证书，得事先明确其以上三代的品种属性。显然，杂交犬并无血统证书。血统证书也是法国犬类血统登记簿的注册凭证。为此，很难列举出所有的杂交犬在身体和形体上有何共同特征。

杂交犬温顺、活泼、聪明，是法国家庭中最具代表性的犬类。

　　然而，人们常说这些杂交犬很美，因为它们的形体毫无人工雕琢的痕迹。相反，那些受认可的品种犬则略显不自然。当然，这是个喜好问题：有人喜爱那些与标准很接近，即与该品种的理想形体很接近的犬种；另一些人则致力于寻找那些与任何标准都不接近，但举止优雅的杂交犬。此外，人

们也常说杂交犬很聪明。无法否认的是，某些杂交犬经几代繁衍之后，感官变得更敏锐，直觉也更发达，躯体也更健硕，已具备独自生活的能力（但杂交犬跟其他品种犬类一样，也需要关心和爱护）。另外，不同品种之间杂交可避免近亲繁殖，防止出现不良基因。这些处于退化中的不良基因，只要在几代之间传递，即可显现在犬类后代的身上。但是，杂交的坏处就是无法向后代遗传稳定的形体和性格特征。

杂交犬品种多种多样，它们仍然需要接受人类的驯养。无论是在街角偶遇，还是在收容处挑选（杂交犬一直以来遭人遗弃的频率最高），人类都有义务像对待纯种犬那样善待杂交犬。

当然，如果该犬尚未被标记，应先为它做文身标记。此标记作为杂交犬的身份证明，与主人的有关信息一起登记到犬类中心登记簿上。这项工作是很必要的，可方便犬只丢失后的寻找工作。其次，正如其他家犬一样，杂交犬在新家中要找准自己的位置，知道听谁指挥。它也要遵守一些规矩：不可随地小便，不可偷窃，愿意被人牵着走，听到名字或命令时要回应，等等。跟其他犬种一样，杂交犬的驯养并非一朝一夕之事，要有耐心，方法得当。如果爱犬干了错事，比如在错误的地方小便，此时，将其关禁闭或事后责备它都无济于事，要捉其现行。这样，它才能将自己忘记的事与主人的责备联系起来。同样，奖赏和表扬也应恰到好处（比如表扬它在正确的地方小便）。当然，表扬时语气可以稍微夸张些，因为狗只懂人的语调，不懂字句的意思。最后，要让杂交犬学会如何在家庭中生活，将其介绍给孩子们，并让它明白它在家中的地位在孩子之下，位于最底层。

尽管由于未经统计很难说出其具体数目，但杂交犬应该是法国家庭最常见的犬类。杂交犬头部毫无个性（甚至有点怪异），但内心真诚，它的广泛存在也证明了它具有无法取代的地位。

正如我们所看到的一样，杂交犬品种多种多样（无论是形体还是毛色），因为它们并非源于某一明确的品种。

巴仙吉犬（Basenji）产于刚果，因滨河而居的巴仙吉游牧民族而得名。几千年来，它们随着俾格米人追捕鸟类、羚羊等猎物。作为超群的猎犬，巴仙吉犬也常被非洲人养在家里，用以驱邪。几世纪以来，巴仙吉犬便这样生活着。19世纪期间，它被英国殖民者首先发现，但直到1930年，才被引入英国本土。1931年以后，巴仙吉犬到达法国。虽然1991年时北非猎犬和梗犬俱乐部已成立，但巴仙吉犬仍鲜为人知。

长达几个世纪的野生生活使巴仙吉犬活力充沛，活泼好动。它体高43厘米，身体匀称（这个体形方便在荆棘中狩猎）。它卷曲而上扬的尾巴，漂亮地贴在臀部。当它竖起耳朵时，头部皮肤形成与众不同的层层褶皱。它四肢修长，腿骨精细，步态类似全速奔跑的赛马。它嗅觉灵敏，爱动，常用于追踪猎物。生活在城市时，要每天带巴仙吉犬出来散步，因为它像其祖先那样喜爱大自然和较大的空间，无法忍受被长期特别是单独地关在封闭空间里。

巴仙吉犬不仅源于异域，而且还带有某些异域特征。首先，它不吠叫，只发出类似于鸡咕咕叫的声音。其次，它有时表现得跟猫一样：喜爱待在高处，身上无异味，比其他犬类更爱舔舐皮毛。

巴仙吉犬活泼好玩、讨人喜欢，目前在美国和欧洲被当作伴侣犬喂养。但在其原产地仍扮演着猎犬这一角色，以捕食小型猎物为生。

巴仙吉犬体形优美、气质高雅、身体匀称，耳朵精致，呈尖形。

秋田犬（Akita-inu）源于日本，因其原产地——日本本州岛北部秋田县而得名。Inu（跟 ken 一样）在日语中指犬的意思。因此，秋田犬也叫 Akita-ken，或简称 Akita。日本北部发现的秋田犬骸骨证明，该品种至少有 4000 年历史。但这些古老品种很难认定，因为与其相关的最早的证据在此后很晚的江户时期（1616—1876）才出现。那时，秋田犬用于猎捕熊和野猪。18 世纪，纲吉将军对秋田犬很痴迷，专门制定了一部法律，禁止在宗教祭祀时屠杀秋田犬。那时秋田犬俨然已成为贵族子弟的宠物。明治时期（1868—1912），形势发生巨变，秋田犬摇身变为格斗犬。此黑暗时期一直延续到 20 世纪。1910 年左右，斗犬被明令禁止，饲养犬要被征税。而此时，日本犬瘟肆虐，大量秋田犬被宰杀。

1930 年，当局担心秋田犬品种灭绝，宣布其为国宝，禁止向外出口。然而，第二次世界大战的爆发使这些努力付诸东流。1945 年后，秋田犬才重见天日。这得归功于一关先生（Ichinoseki）：他在战争年代偷偷藏了几只秋田犬，并在战后又开始大量饲养。其他一些人将秋田犬与德国牧羊犬杂交，并将杂交的后代销往美国，繁育出美国秋田犬这一品种。

作为曾经的猎犬和斗犬，秋田犬如今是护卫犬中的楷模。它体格健壮，气质高傲，很容易饲养，但需要经常出去散步。尽管外形与雪橇犬接近，并且也能抵抗严寒低温，但秋田犬并非雪橇犬。尽管秋田犬源于亚洲，但这并不影响它在西方充当伴侣犬这一角色。

秋田犬的被毛短而硬，肩部、臀部的被毛较长，而尾部被毛最长。

3

舞台明星

1532年，神圣罗马帝国皇帝、荷兰王储、西西里和西班牙国王查理五世，因事需返回德国。途中，他在曼图亚稍作停留，受到弗雷德里克·德·冈扎格（Frédéric de Gonzague）的热情招待。在这位意大利王子的众多艺术收藏品中，查理五世唯独对提香（Titien）的一幅画情有独钟。同年11月，查理五世在博洛涅召见这位意大利画家，令他为自己画像。提香在此完成初稿。

在创作查理五世画像的过程中，提香深受奥地利画家雅各布·塞森内格（Jakob Seisenegger）一幅作品的启发。提香借鉴了他的布景（帷幕）、人物位置（四分之三侧面，左手放狗头上，右腿略弯曲）、国王的服饰以及狗的项圈。文艺复兴时期，这种作画方法很流行，为世人所接受。那时，画家们常被要求用自然写实的方法作画，而不用在创作布景上有所创新。而画作创新是要体现在其他方面的，特别是画家绘画风格方面，这也是提香画作的独特之处。他与塞森内格的不同之处在于，提香能反映其人物的独特表现力（此画当然须体现皇家威严）。皇帝本人对提香的作品十分满意：他从中看出了自己的性格特征（力量、高贵与真诚），而非仅仅是本人的面貌长相，因为那时人们认为他丑陋

无比。光与影的交错凸显了皇帝的形象，但并未将其过分夸大。再加上犬只及它钦佩的眼神，使整幅画作显得庄重典雅。

在那个年代，犬类的身份发生了变化：它们不断出现在画作中，并且越来越个性化。犬类可被驯养、教化，并对主人忠心耿耿（它抬头望着主人，愿意主人把手放在其项圈上）。作为配角，犬类那颇具象征性的姿态，更加烘托出主人的英勇与力量，从而也使仆人们对主人更加崇拜。

此肖像画令查理五世龙颜大悦，因而画像的作者提香被封为宫廷伯爵和金马刺骑士。

18世纪上半叶出现一种典雅中略带感性的艺术形式，人称"洛可可"风格：曲线型线条，色彩明亮，主题轻松（田园乡村场景）。尽管那时并未从理论上定义洛可可风格，但可以肯定的是，此风格与传统风格形成了鲜明对比。后者无论是在美学标准上，还是主题上，都与古代艺术一脉相承。然而，由于模仿过多，这种官方学院式艺术风格略显僵硬。当时，以让·奥诺雷·弗拉戈纳尔（Jean Honoré Fragonard）为代表的一些画家开始尝试走另一条路，开辟另一种风格。

在他1753—1756年完成的画作《花园的少妇与狗》（Jeune Femme assise avec un chien dans un jardin）中，弗拉戈纳尔选取了一个日常生活场景，并稍作理想化修饰。一位少妇有着精致的脸蛋，皮肤呈珠光色，穿着端庄的裙袍（其帽子并不太优美，但有漂亮的头花美饰），在园中与一只白色小狗玩耍。她的服饰带有大量褶皱，而作者无非想借此来表现相关风格。其裙子色彩柔和，由亮块与暗块之间对比勾勒出其形状，其中暗块代表裙子褶皱。狗的毛发、

毛结及影子也均按此方法处理。整幅画的布景具有修饰性作用。右手边上，一簇鲜花向上蔓延，越过少妇的头，延伸到绿叶丛中，再绕过小狗后半身，形成弧线。在此幅画中，弗拉戈纳尔将多种元素组合，创作出一幅充满幻想的作品。少妇的衣服呈现一个弧形，与右边的草木的边弧类似。在左边，一棵笔直的小树环绕着画中的人物，后者坐在植物、动物组成的自然宝座上，而宝座在淡蓝色的天空衬托下越发显得高大。

白色的小狗位于此画的中心。小狗的色彩较淡，与人物裙袍颜色较接近，但并未被后者遮掩。正如整幅画的风格那样，狗的处理上也体现了曲线与柔和这两重因素。狗的出现除了起修饰作用之外，也使整幅画的欢愉之情呼之欲出。

弗拉戈纳尔的世界就是如此：柔和的色调、田园式主题、美丽的少女和欢乐的小狗。

模特犬 ▶《哺乳狗崽的母猎犬》 | 慈祥的母爱

1753 年，让·巴蒂斯特·奥德利（Jean-Baptiste Oudry）创作的《哺乳狗崽的母猎犬》（*Lice allaitant ses petits*）在画展上亮相。这幅亲密而精美的作品很快就引人注目，并被更名为《母亲》（*la Mère*）。奥德利在画中呈现出一只母猎犬在某个类似于谷仓或外房的屋棚里哺乳其六只幼崽的场景。母犬似乎受到惊吓：它举起一只前爪，目光凝视，但仍没忘记其作母亲的义务，把乳头朝向幼犬（它稍抬起后左腿，以便狗崽吸奶）。结实的骨架，再加上恰到好处的肌肉，使得整只狗活灵活现。狗崽也描绘得栩栩如生，宛如圆圆的小绒毛球。

除了对动物们细致入微的描绘之外，整幅画在色彩明暗对比方面也较为出色（这正是该画的成功之处）。当年画展目录册中这样描述这幅作品："母狗和狗崽们被阳光照亮。"因为画中一束阳光掠过母犬的头，射在大地及熟睡中的狗崽身上。柔和的阳光给整个狗群披上一轮光环，更加渲染了整幅画的亲密氛围。画家的过人之处便在于此，他将狗群置于阳光之下，由阴影包围，但阴影又并未模糊人的视线。谷仓内部处于半明半暗之中，不过仍清晰可见。奥德利的技艺可谓巧夺天工：并不太模糊的阴影更烘托出场景的热闹；阳光更是美化了整个布局和色彩（狗的毛发在阳光照射下显得洁白无瑕）。另外，此幅作品的伟大之处也在于对动物的描绘。这与笛卡儿的理论相左，后者认为动物都无感情可言。奥德利则更看重母犬的天性，将其更真实地展现出来。在这些方面，他是先驱者，同时也宣示着19 世纪犬类主题画时代的来临，届时画家将更注重画作的感性和个性。

画家将整幅画设计为椭圆形，更强调了此幅作品所要表达的微妙感情。

作为出色的雕塑家，弗雷米耶也创作些小雕塑作品，卖给当时的资产阶级权贵。

埃马纽埃尔·弗雷米耶（Emmanuel Frémiet）在1850年的画展中展出其雕塑作品《受伤的狗》（Chien blessé）。该作品引得世人议论纷纷，令人印象深刻。因为与众多以神话、象征主义、宗教及英雄为主题的雕塑相比，该作品中犬的形象显得逼真无比。正如作品标题指出的那样，此犬或许是在一场狩猎活动中受了伤。它蹲坐着，低头舔舐着伤口，其伤口裹着布，系着绳子。它伸出右爪，身体的重量压在左爪上，让人觉得它未坐稳。这个三爪着地的姿势，迫使它收紧肩膀的肌肉，作者对此也是重点刻画。它那短而略带波浪的毛发，作者并未忽略，而是很逼真地将其再现（特别是腹部和颈部上端的毛发）。最后，它低着头，头被耳朵遮住。弗雷米耶欲以简单的方式展现一种动物，不掺杂过多的象征色彩，而这更能展示他的艺术才华，也便于逼真地展示自然：细心研究狗的构造，再将这一伟大的自然杰作呈现出来。1849年起，弗雷米耶开始创作一系列展现自然之伟大的动物雕塑，《受伤的狗》是其中之一。他的系列雕塑通过对动物细致的观察，并不加修饰地展现在日常状态中，体现出现实主义的一面。然而，在追求逼真的过程中，雕塑家并未忘记将其动物模特们拟人化。这只受伤的犬把嘴贴在伤口上，呈若有所思的样子，显得很无助。它皱起额头，仿佛正在沉思。

《受伤的狗》是法国委托弗雷米耶创作的第二件作品，而这尊雕塑也使他成为一位知名的动物雕塑家。他的现实主义作品很符合资产阶级的口味，因为他作品中的动物角色让他们倍感亲切。

模特犬▶布布尔 ｜ 坏男孩

——"晚上好，芭乐米尔太太，最近过得好吗？"

——"还不错。您还是喝葡萄酒吗？"

——"好的。"

接着，图卢兹-洛特雷克（Toulouse-Lautrec）那双艰难支撑着他身体的清瘦大腿迈进了坐落在巴黎布雷达街的拉苏里咖啡馆。咖啡馆里集中了很多化了妆、穿亮色花边衣服、戴着廉价首饰的女孩。她们非常喜爱这位独特而又礼貌的先生，欣赏他的优雅举止。图卢兹-洛特雷克也喜欢这些女孩。她们从来不会嘲弄和取笑他，这让他觉得很舒服。但是，今天晚上他并不打算画这些女孩。他提出一个要求：给老板芭乐米尔太太的狗——布布尔（Bouboule）画一张速写，作为菜单的插图。

通过一些简洁而生动的线条，图卢兹-洛特雷克勾勒出布布尔的样子：竖得高高的耳朵，翘翘的鼻子，噘起的下唇，以及结实的身体。它蹲坐着，目光坚定，似乎要吠叫。人们说，布布尔是一只斗牛犬。它无论是在外形还是性格上，都与它的主人非常相似。芭乐米尔太太有着一张好似斗牛犬的嘴，爱发牢骚。然而，她们凶神

图卢兹-洛特雷克经常画咖啡馆、公共舞场以及剧院里的人或动物。

恶煞似的外表欺骗不了任何人。尽管布布尔爱吠叫，但它从不咬人。正如所有名副其实的斗牛犬一样，布布尔对它的主人非常忠心，甚至可以说是专一。芭乐米尔太太在咖啡馆工作的时候，布布尔不时地舔舐她，对其他女孩却没有任何兴趣。它甚至会偷偷地跑到她们的裙下去撒尿……当然，布布尔在拉苏里咖啡厅有自己的职责：虽然当时很多商人把法国斗牛犬当作捕鼠狗，但事实上，它只是咖啡馆里的一种装饰。

图卢兹-洛特雷克只用寥寥数笔就能生动地表现出模特的性格特征，这种才艺并不多见。布布尔的肖像画不就是最好的证明吗？

模特犬▶托伊 | "具流线感"的波士顿梗犬雕塑

托伊（Toy）是著名的巧克力企业主梅尼耶（Menier）家的波士顿梗犬。在1930年4月至10月，它摆了9次造型，好让动物雕刻家弗朗索瓦·蓬蓬（François Pompon）完成它的主人交给他的雕刻工作。自20世纪20年代以来，这种矮壮的波士顿梗犬便在法国非常流行。

托伊站立着，四脚稳稳地抓住地面，转着头，好像在等候主人的召唤或等待某个人。由于它上半身前倾，后肢伸长，它身体的重心似乎是向前的。蓬蓬在雕刻动物的时候，偏好描绘这种庄严刻板的姿势。他的另一个习惯是将作品的整体造型设计成几何图形，在这件作品中，托伊的整体造型呈矩形。作品成型后，蓬蓬花费大量时间细心地给作品抛光，

来突出大的块面和直线组成的动物形象，从而创造出一件坚实而不笨重又有流线感的作品。这种精炼的形式是蓬蓬特有的风格，有着显著的装饰效果，而作品也不会因此显得单调或夸张。托伊的基本外形和身体比例都忠于原型。而雕塑的装饰风格在波士顿梗犬的形态方面也有所体现：双耳高高竖立在扁平的头部和垂直的前额上；方形的脑袋，笔直的脖子和圆鼓鼓的前胸；几近水平的背部与弯成凹形的腹部形成和谐的对比；两条后腿与颈部的线条平行。整个作品体现了力量与优雅的结合，这与波士顿梗犬的特点非常相符，因为这种犬有时被当作温和力的象征。托伊的表情也忠于所有波士顿梗犬的表情特点，眼睛又圆又大，下嘴唇突出。

显然，弗朗索瓦·蓬蓬在创作托伊的塑像前，他不仅细致地观察了托伊的外形，还留心了它的动作。因为展现在我们眼前的不仅是一件忠于原型的作品，更是一件极其生动的作品。

托伊的肖像雕塑准确反映了波士顿梗犬强壮的体形特点。

在皮埃尔·勃纳尔（Pierre Bonnard）的绘画生涯中，他经常选择女性作为绘画的主题。而画中时常伴随在女性身边的是一些家养动物，尤其是狗。女性和狗的主题反复出现在勃纳尔的作品中，反映出画家多变的风格，同时也揭示了其创作的最终目的——表现女性和动物之间越来越紧密的亲密关系。

1981 年，作为纳比派画家之一的勃纳尔制作了四个大装饰画板，本打算用作屏风，但最终它们还是被分开展出。其中一幅题为《花园里的女人》（*Femmes au jardin*），画的是风景（可以看到画中作为背景的树枝）中的女人，后面跟着一只蹦蹦跳跳的狗。为了达到装饰性效果，勃纳尔灵活运用了各种线条构图。在这幅画中，所有一切都使用了曲线线条（除了女人的鼻子）：帽子、脸部轮廓、胸部、腹部、裙边，甚至狗。画中的狗似乎在跳跃（或者用后腿直立）以便触碰它的主人。画家用螺旋状线条来描绘狗的形状（狗因直立而使其身形垂直拉长，更突出了这种螺旋状线条）。这些线条的使用带有日本木版画的风格，画中女人的波点裙也让人想起日本的织物。

日本艺术对勃纳尔的影响（这是一种对日本艺术的爱好和模仿）在他 1910 年的作品《红色方格桌布》（*la Nappe à carreaux rouges*）中同样也有体现。画中，勃纳尔的妻子——玛尔特（Marthe）坐在桌边，她的狗丁戈（一些艺术历史学家认为它叫布莱

1910 年的《红色方格桌布》中的狗非常醒目，因此这幅画有时也被题名为《狗的午餐》（*le Déjeuner du chien*）。

此画名为《浴缸里的裸女》。狗进入位于勒卡内的房间的浴室里，与女主人亲密相处。

克）望着她。勃纳尔刻意使桌面朝我们倾斜，以便我们能看到桌子上的物件。这张圆桌被红色的方格桌布覆盖，在整个画面的浅色底色映衬下特别醒目，这张桌子几乎占据了整个画布。狗的形状也是用弧形线条描绘，与桌子的圆形相呼应，同时又与蓝色壁橱的垂直线条形成了对比。

皮埃尔·勃纳尔于近 1900 年开始创作一些裸体画像。1910 年，他着手绘制他的"浴女"系列画。其中，《浴缸里的裸女》（*Nu dans la baignoire*）创作于 1941 年至 1946 年，描绘一个女人在位于勒卡内（戛纳附近，靠近地中海）的房间的浴室里洗澡的场景。尽管看不到窗户，但我们却能明显感觉到久负盛名的地中海阳光：浴缸后的墙壁映射出好几种颜色，好似阳光照射在上面。颜色稍深的石板地面为浴室增添了一丝清凉感。在这样一个由方形组成（墙壁、地面）的密闭空间内，一个女人在泡澡。浴缸边有一条安静的、蜷缩成球状的小狗。它的毛色是深红褐色，与整幅画的基本色调形成对照。它躺在白色的小方毯上，构成了画面的主体空间，也似乎只有它所在的这一面没有墙壁，是一个开放的空间。

在我们所提到的三幅画作中，无论是在绘画技巧的运用方面，还是在画面主题的展示方面，狗都是重要元素。每幅作品中的狗都有与图画色调完全相反的独特颜色，从而也突出了画中其他图案（波点裙、桌布、方石板）。另外，狗的存在使整幅画构图更加完美：在《花园里的女人》中，狗拉长了女人裙子的弧形线条；在《红色方格桌布》中，黑色的狗修饰着桌子的形状；在《浴缸里的裸女》中，狗构成了画面的主体空间。另外，这些狗似乎都在讲述一个故事，一个女人与动物和谐相处的故事。第一幅画里，女人和狗一起散步玩耍。在《红色方

这幅画出自《花园里的女人》系列（1891 年），它向我们展示了一只与主人嬉戏的欢快的狗。

格桌布》里，狗融入人类日常生活场景之中：它的主人没有看它，它却望着主人（它也许饿了吧？）。她们没有像第一幅画里那样分享共同玩耍的快乐，但是，她们之间并不淡漠。狗的存在给人一种宽慰亲切的感觉。而在最后一幅画中，这种人与狗之间的亲密感被推向极致：狗被带入女性圣地中的圣地——浴室。浴室里一定清爽凉快，所以它惬意地待在那里。女人愿意与她的狗分享这份空间和私密时刻，这时，狗已不再只是单纯的家养动物，而成了家庭的一分子。

勃纳尔还画过狗的肖像画，街头流浪狗和纯种狗都曾成为他的模特。每次他都将狗置于一个特殊的背景中（如花园、街道或市场……）：他所要反映的就是狗的真实生活。

古斯塔夫·库尔贝（Gustave Courbet）在《猎鹿的最后时刻》（*Hallali du cerf*, 1867）这幅画中描绘了围猎活动的最后一个步骤，即猎物被围待毙的时刻：这时，猎犬们将一拥而上咬死猎物。画中，这一刻才刚开始：猎犬们刚刚到达。其中两只已经咬住了猎物，其他从树林里出来的猎犬有的正跃跃欲试，有的正用鼻子嗅着什么气味。所有这些狗都是名副其实的猎犬，肌肉强健，高度警觉（它们显而易见的肋骨和鼓起的肌肉就是有力的证据）：这些强壮的狗是奔跑和攻击能手。精疲力竭的追捕（围猎鹿的时间可以持续几个小时）之后，回报的时刻终于来临——它们终于可以咬死猎物了。

这幅画令人赞叹的是，围猎接近尾声时那种戏剧性的紧张气氛被充分表现出来。画中央的鹿被四面包围——猎犬，以及与右边站着的猎人垂直平行的树木将鹿团团围住。猎人以统治者的姿态扬起了鞭子。他右边是一个骑马的人，有点像热里科（Géricault）画作中的人物。走投无路的鹿感觉到了自己的死亡，它只能绝望地哀叫。它的头朝向天空，这是它唯一不受威胁的方向。它黑色的毛发与白色的背景形成对比。这幅画的全名为《雪地围猎时，

《猎鹿的最后时刻》是一幅大型画作（局部）

雄鹿被围待毙》（*Hallali du cerf, épisode de chasse à courre sur un terrain de neige*）。在1866年到1877年间的冬天（此画创作时间之前），位于弗朗什-孔泰的奥尔南镇下过鹅毛大雪，库尔贝悠闲地欣赏雪景并将雪景融入自己的创作之中。他画雪地上的狗和马的蓝色脚印。而堆积在山上的雪在他笔下则是灰色的，有时和云混合在一起。

库尔贝住在乡下，也是一名狩猎爱好者。1860年至1861年，他曾在德国参与过猎鹿。而且，他还在朗布依埃森林骑马狩猎过。的确，只有狩猎狂热者才能创作出如此真实的画作。

117

雷诺阿（Renoir）在 1879 年的画展上凭借其作品《夏庞蒂埃夫人和她的孩子们》（*Portrait de Mme Charpentier et de ses enfants*）取得了巨大的成功。他的成功也要感谢画作中的女模特——夏庞蒂埃夫人，她在当时非常有名望。夏庞蒂埃夫人是当时非常流行的文学和政治沙龙的组织者，她的丈夫乔治（Georges）是左拉（Zola）、福楼拜（Flaubert）、都德（Daudet）以及爱德蒙·德·龚古尔（Edmond de Goncourt）的出版商，是巴黎资产阶级代表人物。除了她的丈夫，其他家庭人员都出现在这幅画上：夏庞蒂埃夫人的黑色丝绒花边裙画得非常逼真，她一只手臂护着他的儿子保罗（Paul）；保罗当时 3 岁，打扮得和他姐姐乔吉特（Georgette）一样（这是当时的风俗）；6 岁的乔吉特舒适地坐在他们的家犬身上（这种现在被称作山地莫洛斯犬的狗当时非常流行）。

这条大狗是克洛蒂尔德·舒尔茨（Clotilde Schultz）为了感谢乔治·夏庞蒂埃出版了他叔叔菲拉德尔·沙勒（Philatère Chasles）的《回忆录》（*Mémoires*）而送给他们一家的。有人说它是纽芬兰犬。不过它更有可能是纽芬兰犬和兰西尔犬杂交之后的品种。因为它的头部底色为黑色，口鼻部周围有白色斑纹，并一直延伸到头顶。还有它白色的四肢，这些都是兰西尔犬的典型特征。不过，它其他部位的黑色被毛又会让人想到纽芬兰犬。其实，19 世纪末期，兰西尔犬和纽芬兰犬还没完全被区分开来（1960 年兰西尔犬才被认可为一个独立犬种）。正因如此，夏庞蒂埃家的这条狗才被认为是纽芬兰犬。它名叫波尔多斯，这个名字非常适合它。尽管它体形大，却很亲切，甚至可以说是温顺，小女孩把它当玩具它也不介意。

波尔多斯的存在，以及夏庞蒂埃家中家具摆设的真实再现（据说当时没有移动任何家具），使这幅画颇具亲切感。雷阿诺也因此成为一名成功的肖像画家。

雷诺阿这幅描绘了孩子和狗的作品（153.7cm × 190.2cm），令人联想起皇室家族的官方肖像画。

"有一天我走在瓦纳街上，淋着雨，贴着墙，低着头，神情抑郁。那时我觉得自己落寞得像条狗一样。所以我就创作了这尊雕塑。"当阿尔贝托·贾科梅蒂（Alberto Giacometti）谈及他 1951 年的雕塑作品《狗》（Chien）时，他如是说道。这是一条逼真的可怜的狗：低垂的脑袋，细长的脖子和脸，耳朵几乎要贴着眼睛，四条纤细的腿显得有些笨拙。它似乎正穿过一个街角，而且不想引人注目。它的肚子深深地凹陷进去，瘦成了皮包骨，尤其是由于这尊雕塑被设计成中空样式，所以看上去它清瘦得好似胸腔骨架一样。脖子（那里的皮肤被拉紧）、尾巴、四肢，所有这些部位都被拉长，刻画出一条流浪狗的生动形象。

这种拉长的表现形式正是贾科梅蒂的风格。战后（1945—1948），他创作的作品形象越来越细长。每当他尝试新的作品时，创作出来的人物总是极其细瘦。贾科梅蒂深知街头流浪者生命之轻，正如这条快饿死的狗一样，流浪者艰难地支撑着身体的平衡。为了突出身体的轻细，艺术家将人物的外形细到极致。这种风格在这件狗的雕塑中可见一斑。从某种意义上来说，这幅作品反映了第二次世界大战后的动荡局面：无数人必须抚慰伤痛，并设法养家糊口。

据说，20 世纪 50 年代末，玛琳·黛德丽（Marlene Dietrich）在纽约现代艺术博物馆看到这尊雕像后感动不已，因此决定去拜访它的创作者……

艺术家制作这件铜狗雕像（46cm×97cm×15cm）时，将狗的身材比例拉长，凸显出惨遭遗弃的杂种犬的可怜形象。

模特犬 ▶《犬吠月》 │ **如同梦境**

1926 年，即《犬吠月》(Chien aboyant à la lune)的创作时期，超现实主义正流行。1999 年《犬吠月》的作者胡安·米罗（Joan Miró）从家乡巴塞罗那来到巴黎，并在巴黎认识了一些超现实主义艺术家，如罗伯特·德斯诺斯（Robert Desnos）、安德烈·布雷顿（André Breton）。像他们一样，米罗也力图让无意识引导他的思维。这是米罗事业的转折点，他毫不抑制自己的想象，还发明了自己独特的语言符号。但是，这些符号仍然建立在某种现实的基础之上。在《犬吠月》中，所有物件都是现实中真实存在的。我们需要做的就是寻找这些物件的象征意义。画作的空间是以均衡的方式来布局的，但仍然显得十分具体：画中的两大片颜色，黑色代表天空，棕色代表大地，它们被倾斜弯曲的地平线分开，这条线也勾勒出地面确切的形状（狗似乎站在山丘上）。

与之相对应，梯子、鸟、月亮和狗分别为黄色、蓝色、红色、白色。另外，竖立着的梯子与地平线形成对照。那么在这光秃秃的背景下，梯子的存在有什么含义吗？它是狗接触天空和月亮的工具吗？它是展翅飞翔的鸟到达某个象征自由的地方的途径吗？米罗的其他作品中也出现过梯子：它也许代表了艺术家连接现实世界和想象世界的能力。即使这架梯子能够给予狗接触到月亮的机会，狗却似乎没有意识到这一点。从它简练的画像中可以看出，它有些头脑简单：两只耳朵竖着，形状出奇地圆；硕大的嘴巴说明它的叫声又大，拖得又长；口鼻部滑稽地往上翘。但是，这只不知在什么地方号叫的狗似乎特别忧伤。在这幅画的草稿上，米罗本来加了两个对话框以突出画面的孤独感。狗说："咻咻……"月亮答道："我无所谓。"

我们知道，这只对着黑夜号叫的狗在等待它同类的回应，等待一种安慰。彩色的小狗在画中更显得孤独和绝望。

最简单的方式（形状少，颜色简单）表现出了最突出的效果：形单影只的小狗面对月亮，极度孤独。

《脖子上挂着主人饭菜的狗》 | 强者的理由永远是真理

"强者的理由永远是真理。"这句箴言虽然源于《狼和小羊》（le Loup et l'Agneau）这则寓言故事，但也非常适合另一则寓言——《脖子上挂着主人饭菜的狗》（Chien qui porte à son cou le dîner de son maître，拉·封丹寓言第二集第八章第七则，1678—1679）。寓言中，一条原本忠实的狗为保住自己的利益做出了违背自己职责的行为。通常，拉·封丹的寓言故事都会以一句箴言开头，《脖子上挂着主人饭菜的狗》的开头是：几乎没有人能做到看守宝藏而忠心耿耿不动心。这句格言似乎与故事并不相符：一条狗把主人的饭菜挂在脖子上送往主人所在地。故事中，拉·封丹赋予这只狗人类的性格：这条狗非常有自制力，能克制自己的欲望。它甚至比人类还要自律，"多么奇怪呀！我们要向狗学习自制力，却不是从人类身上学习！"有一天，这条负责运送主人饭菜的狗遇到了一条大猎犬，大猎犬打着抢它的食物的主意。忠心的狗于是卸下脖子上的食物与大猎犬搏斗。可这时其他的狗也蜂拥而至："它们靠偷窃乞讨为生，丝毫不怕打斗。"拉·封丹在寓言最后揭露了这些狗所代表的人类身份。由于寡不敌众，忠心的狗眼见保不住主人的那份饭菜，就提出与其他狗一起分享："先生

这是古斯塔夫·多雷（Gustave Doré）绘制的插画，描绘了一条挂着主人饭菜的忠实的狗，尾随其后的是一群虎视眈眈的流浪狗。

们，请息怒，我仅要我自己的那一份，其余的全归大伙儿。"这种态度让拉·封丹想起一些市政长官和市长（巴黎最高行政长官）的态度。他们不知羞耻地掠夺市政预算："您要是想看热闹消磨时光，最好去看一看这些人是如何把钱财分光的……"

拉·封丹借助这些故事中的动物来抨击人类不道德的品行。在这则寓言中，他利用狗的天性（这只狗虽然曾经接受过训练，但面对一群烈狗时，它明哲保身的天性便暴露出来）抨击了某些国家高级官员的不道德行为。作者诙谐而生动的写作风格，使一条普通的狗瞬时变成了巴黎市长的嘴脸……

于 1831 年开始创作的《约瑟兰》（*Jocelyn*）是一篇浪漫主义长诗。这首抒情诗曲调哀婉，讲述了约瑟兰人生中九个不同时期的故事。16 岁的约瑟兰决定去当教士，然而在恐怖时代，修道院被人侵占，约瑟兰逃到阿尔卑斯山尽头的一个山洞。和他一起的还有一位女扮男装的逃难者劳伦斯（Laurence）。情窦初开的约瑟兰，发现自己被这个"男孩"深深地吸引。之后，他知道了劳伦斯的真实身份，于是向她

拉马丁与他诗中男主角一样，也有一只名叫菲多的狗。图为 1830 年亨利·德·赛森（H. de Caisne）画的诗人肖像。

表白心迹。可是生活又将他们分开了。约瑟兰的主教被关进牢里，死前他让约瑟兰去为他作告解。约瑟兰向主教承认了他对劳伦斯的爱，但主教急忙命令他遵守教士的职责。不久，约瑟兰母亲去世。当他再次遇见劳伦斯时，却发现她因肮脏不堪的生活而过早衰老。无比痛苦的约瑟兰回到了瓦涅尼。在那里他受到了他的狗菲多的迎接，那是他剩下的唯一的爱了。"把你的心贴近我的胸口，只有我们相爱，让我们相爱吧，可怜的狗！"忧郁的约瑟兰从他忠实的狗那里找到了难得的安慰，他的狗理解他的悲伤。"当我呼吸稍微不均匀，你就醒了，来到我的床边看我是否失眠；你从我模糊的双眼看到了我的悲伤，从我紧皱的眉头看到了我的烦恼。"每当他想念劳伦斯时，这只他童年时饲养的猎兔犬（菲多是一只猎兔犬）都会陪着他。"我童年那幸福美好记忆，让我重拾爱着劳伦斯的那颗心。"

拉马丁（Lamartine）从浪漫主义角度，通过狗的形象歌颂了忠诚这一主题。这种爱狗、讲述狗的故事并赋予狗浪漫情感的方式，与雨果（Hugo）、缪塞（Musset），甚至拜伦（Byron）的写作表达方式呼应。拜伦心爱的纽芬兰犬布斯文去世时，他曾亲自为它下葬，并为它作诗。

阿瑟·柯南·道尔（A. Conan Doyle）的《巴斯克维尔的猎犬》（*le Chien des Baskerville*）出版于 1902 年，是柯南·道尔的福尔摩斯（Holmes）系列侦探小说的又一部成功之作。这本书包含了优秀侦探故事情节的所有元素。故事讲述的是，几个世纪以来巴斯克维尔家族都笼罩在一个诅咒的阴影之下。18 世纪，雨果·德·巴斯克维尔（Hugo de Baskerville）爵士被"一只庞大的、黑色的、体形像狗的邪恶怪兽"所杀害。100 年后，夏洛克·福尔摩斯着手调查查尔斯·德·巴斯克维尔（Charles de Baskerville）爵士的死因，并保护其继承人亨利爵士（sir Henry）。遇害者尸体旁边留下了大型犬类的爪印，因此可以推断巴斯克维尔家族所居住的德文郡附近的荒野里可能存在一种可怕的动物。而事实上，那里经常传来号叫声。

于是，巴斯克维尔的猎犬被当地人视为复仇的吃人怪物，就像希腊神话中的牛头怪米诺陶诺斯（Minotaure）一样。怪物的形象也被传播开来：这只"巴斯克维尔的恶魔"、"来自地狱的狗"，有着会发光的眼睛和黑色的皮毛。但是，信奉无神论的夏洛克·福尔摩斯并不相信这个传说，他试图找出藏在恶犬传说背后的真凶。他

1959 年的电影海报：就像书中所描述的一样，这条凶猛的狗仿佛是魔鬼的密使。

发现，动物只是复仇的工具，一切都是巴斯克维尔家族某个躲藏起来的继承人精心策划的阴谋。恶毒的凶手让狗号叫（藏在荒野的泥潭里），并编造了传说，以至于夏洛克·福尔摩斯都被这只狗吓到："是一条狗，一条庞大的狗，黑得像煤炭一样，而任何狗都没有它那样致命的眼神。它的嘴巴会喷火；它的眼睛能放射火光；它的口鼻部和四肢被火苗包裹。"侦探最后找到了真相：这只大狗属于莫洛斯犬和大丹犬杂交之后的品种；它之所以能喷火，是因为它身上被涂抹了磷。

小说《白牙》（*Croc-Blanc*）出版于1906年，但它讲述的故事年代有些久远，追溯到1892年至1900年。白牙是混血狼狗（它的祖母是狗），它的成长经历与杰克·伦敦（Jack London）另一部小说《野性的呼唤》（*l'Appel de la forêt*）中狗巴克重返野生生活的经历完全相反。小狼崽在人烟稀少的北极地区迷路了，后被印第安人卡斯托·格里斯（Castor Gris）救起。格里斯为它取名，并训练它。可是除了主人之外，其他所有人对它都很冷淡。因此，它变得难以制服，只知道打斗。它的坏脾气和力气被波地·史密斯（Beauty Smith）所利用并加以开发，训练它成为搏斗犬。新主人对白牙的训练和鞭打让白牙的性格更加野蛮。后来，威登·斯科特（Weedon Scott）将它从暴力的生活中解救出来，并试图驯服它。最终，白牙被成功驯服。它跟随主人来到美国，渐渐开始过文明生活。小说最后的场景是白牙做了父亲："它直躺着，半眯着眼睛，小狗崽们围着它乱嚷嚷着，推搡着……"

《白牙》无疑是一部传授宗教奥义的小说。主人公在过上加利福尼亚幸福家犬的生活之前，必须先遭遇种种磨难。它在第一个主人卡斯托·格里斯那里经历过奴役生活："这个印第安人保护白牙，给白牙食物，并在住所前面给它安了个家。作为交换，小狼崽放弃了自由，服从印第安人的命令，并为他干活。"这种毫无感情的交易，让白牙感受不到温情，从而让它又跟从了第二个主人，然而从第二个主人那里白牙只学会了仇恨。

但很快，新的道路向它打开，让它学会了温柔和善良："尽管它有些怀疑，但它还是感觉到了一些与它的天性对立的、最原始的情感——信任、平静、真诚。"并且，白牙头一次爱着它的主人。它狼的天性开始消失，狗的天性让它与主人亲近，并忘记了北极的生活。

在白牙的奔波生涯中，它曾当过雪橇领头犬。

柯莱特（Colette）的作品《动物对话》（*Dialogues de bêtes*）的前几篇于 1904 年 3 月由法国信使出版社发表。内容包括《多愁善感》《旅行》《迟到的晚餐》《第一团火》。而《一次拜访》和《依尼生病了》发表于 1904 年 10 月。1905 年 4—5 月，这些文章与《暴风雨》一起成册出版。1930 年，法国信使出版社又发表了《动物对话》剩下的十二篇文章，其中包括《音乐厅》和《托比狗说话》。

正如标题所示，文章讲述的是灰白猫吉吉拉 - 杜赛特和法国黑斗牛犬托比狗的对话。托比狗形容自己"身材矮壮，方方正正，短腿，塌鼻，几乎看不到支撑平衡的尾巴"。它疯狂地爱上了它的女主人依尼（Elle）。人们会不由自主地在依尼这个人物身上看到柯莱特的影子，因为柯莱特与前夫维里（Willy）生活的时候，就养过一只名叫托比的小斗牛犬。《动物对话》中，托比狗如此迷恋依尼，以至于不爱洗澡的它"宁愿忍着痛让依尼给它洗澡"。这是一份伟大的爱，又带着些许的天真。吉吉拉 - 杜赛特责怪托比狗用情太深。对于一只独立的猫来说，托比狗既可怜又太温顺："可怜的狗啊，你去模仿人类，却磨灭了你自己的个性。"但是，托比狗无能为力：

克劳蒂娜故事丛书发表时期，还是维里妻子的柯莱特与真实的托比狗在一起的照片。

"我虔诚地爱着我的女主人和男主人，这样的激情让我变得和他们一样高大，同时也占据了我所有的时间和整颗心。"这只可爱的狗还非常享受生活中简单事物的乐趣，比如游戏。"看啦，我跳起来了，我能像小马一样拱颈！""我要抓住我的短尾巴！我转圈，转，转……"又或者它第一次看到火时非常兴奋，说："炉火烧着了我的脚底板，怎么办？逃跑吗？绝不！我宁愿被烧死，也不要离开这可怕的幸福。"

人们认为柯莱特描写猫是充满了喜爱之情，但一个作家能把斗牛狗形容为"可爱的滚筒"或者"两栖爱人"，说明她对狗并非毫无感情……

1931 年，乔治·西默农（Georges Simenon）的小说《黄狗》（le Chien jaune）问世，这是麦格雷侦探故事小说系列之一。小说讲述的是关于仇杀、毒品交易和复仇的故事。一条大黄狗反复出现在剧情发展过程中。

首先是莫斯塔根先生（Mostaguen）遭枪击。在案发现场，据说有人看到了"一条狂暴硕大的黄狗"，它"四肢很长、极清瘦，大脑袋让人想到马丁犬和大丹犬"。后来，在海军上将大酒店的咖啡厅，人们发现下了毒的绿茴香酒，而那黄狗就"躺在柜台底下"。米舒先生（Michoux）家被盗的时候，有人在花园又看到了黄狗。后来，一位记者突然失踪，而那条黄狗一直待在咖啡厅女服务员的脚边。

黄狗的出现使得气氛原本就紧张的孔卡诺城更加恐怖。当地报纸甚至说："那只无人认识、似乎没有主人、不幸一发生就会出现的神秘黄狗会给人们带来厄运。"

然而，这只狗不是罪犯，它只是一只对主人忠心耿耿的狗，它的主人利昂（Léon）从美国回来向曾经害他入狱的人报仇。由于利昂并非坏人，所以他也不是杀人凶手，他和他的狗待在孔卡诺只是为了吓唬他以前的合伙人。而黄狗认出了主人的未婚妻——艾玛（Emma），咖啡厅服务员，并时不时地赖在她脚边。利昂旧时合伙人不知利昂回来的意图，心生恐惧，于是利用了这只忠诚的狗：一张纸条悄悄被塞进黄狗的项圈；上面的文字是早已写好的，目的是让当地居民产生恐惧。他们的阴谋得逞了，黄狗遭到了居民的攻击，然而它最大的罪过其实只是待在它所爱的人身边。

照片中西默农与他的贵妇犬米斯特尔在一起，时间为 20 世纪 70 年代。在小说家的手指动作和眼神指挥下，这只狗似乎非常听话。

1936 年版本的小说封面上是一只凶猛的狗，但这一形象与书中描述的并不相符。

皮皮狗那栗色和柠檬黄相间的毛发，还有它的笑容，都让它成为独一无二的明星！

皮皮狗（Pif le Chien）于 1948 年在《人道报》上刊登，是由西班牙移居法国的漫画家约瑟·卡布尔诺·阿纳尔（José Cabrero Arnal）所创作的铅笔画中的主人公。漫画家当时创作的目的是为《人道报》塑造一个能让人联想到法国人生活的、既热情又受欢迎的角色。漫画中皮皮狗居住在乡下：起初漫画中的角色比较单一，皮皮狗略显孤单；但是很快地，冬冬、大大，以及它们的孩子嘟嘟，还有小猫郝库斯，这些角色都被加入漫画中，成了皮皮狗的朋友。皮皮狗漫画系列刚开始将皮皮狗设计得像真正的狗一样用四条腿走路，但几年后就让它像人类一样直立行走了。另外，正如当时的所有法国人一样，皮皮狗遭遇了第二次世界大战后各种各样的生活问题：取暖、饮食、居住。不过所有这些烦恼都在轻松幽默的气氛中一挥而散，因为皮皮狗毕竟是一条滑稽的狗。

20 世纪 50 年代，皮皮狗的漫画同时在《周日人道报》和《威能报》上刊载。阿纳尔将故事一直写到 1952 年，后来被罗杰·马斯（Roger Mas）代替。1967 年，皮皮狗由路易·康斯（Louis Cance）绘画，帕特里斯·瓦利（Patrice Valli）撰文。这时皮皮狗的生活发生了一些改变：它离开乡下来到城市；与郝库斯争吵的场景增多；冬冬和大大由猎手和农妇的身份变为城市人，一个打扮得像嬉皮士，一个穿着迷你裙。至于郝库斯，它总是喜欢捉弄皮皮狗（一次当皮皮狗从楼梯栏杆上滑下来，郝库斯事先把仙人掌放在楼梯栏杆末端……）。1965 年 3 月，《威能报》改名为《皮皮狗报》，1969 年又更名为《皮皮狗加德耶报》。这样一份面向年轻人的周刊每一期都刊登皮皮狗连载漫画故事，并赠送礼物，当时这在法国还是首次。然而，报纸的高成本以及读者不断减少的状况迫使出版方又创立了《新皮皮狗报》（20 世纪 80 年代时更名为《皮皮狗报》）。1993 年 12 月，皮皮狗系列漫画停止出版。

闻名世界的法语漫画犬角色当数《丁丁历险记》（les Aventures der Tintin）中的白雪（Milou）和《幸运的卢克》（Lucky Luk）中的阮坦兰（Rantanplan），但它们其实都是比利时的明星。而皮皮狗凭借它栗色和黄色相间的被毛、永无止境的闹剧以及它的调皮捣蛋，无疑成为动画史上最出名的法国狗……

小狗比尔（Bill）这一形象于 1959 年在比利时问世，是罗巴（Roba）笔下的漫画角色。它是一只可爱的可卡犬，鼻子圆圆的，与红棕色头发的男孩布尔以及他父母住在一起。它的第一次亮相是在《斯皮鲁报》上，以短小的四格漫画形式出现，每一页都有一个笑话。这种形式又在 1962 年出版的画册中被沿用。通过圆形对话框和各种充满笑料的逸事，罗巴向我们讲述着布尔一家的日常生活（家庭、房子、朋友和学校），比尔大多数时候都是故事的中心，只要它一出现就有笑料发生。甚至可以说，比尔渐渐成了漫画的主角。

这只可卡犬深知自己的喜好，它非常讨厌洗澡。当它被迫洗澡的时候，邻近的人都会知晓并赶来看，因为大家都听见了它又吵又悲怆的叫声。比尔有时会让布尔头疼，但它总是乐意帮助小主人，比如让布尔在它耳朵上写字用来作弊。他还总是接受（几乎每次）小男孩的一些搞怪主意（在旅行社橱窗里装狮身人面像，把壁橱盖在身上扮乌龟卡洛琳）。比尔特别贪吃，当比尔偷路人提包里的香肠时，布尔解释说它"比小偷还贪吃"。它还偏爱骨头，把骨头藏在各个地方，甚至是吸尘器的盒子里。它对漂亮的母狗非常感兴趣，有时晚上会带它们去莴苣地散步。它以捉弄布尔的朋友布夫为乐。它还喜欢捉弄讨厌的 22 号经理人：把牙膏涂在脸上，让经理人误以为比尔患狂犬病而且传染给了他。比尔真是个小活宝，笑话不断的它拥有非凡的天赋让生活更加快乐。

> 我找到了！

就像所有的可卡犬一样，比尔有一对长长的耳朵，能不停地转圈。

丁丁这一形象诞生于 1929 年 1 月 10 日出版的《丁丁在苏联》(les Aventures de Tintin, reporter au pays des Soviets) 中。创作者埃尔热 (Hergé)(真名乔治·雷米,Georges Remi)给丁丁安排了一个同伴。这个同伴就像报纸所介绍的,是一只可爱的狗:它名叫白雪,刚毛猎狐梗犬(尽管它耳朵向后偏,与标准猎狐梗的耳朵不同),毛发一直保持洁白无瑕,除非它把头伸进烟囱。

随着丁丁历险记系列故事的出版,

白雪的个性渐渐固定,它的喜好也明确显现出来。它讨厌鹦鹉,因为鹦鹉总爱用嘴巴啄它。它也不喜欢猫,一有机会它就追赶猫,甚至有几次追得都迷了路。它和穆兰萨城堡的猫也是这样。但是在一次又一次的追逐打斗中,它们最终成了朋友。然而,白雪永远不可能和蜘蛛交朋友。也许蜘蛛是比白雪小很多,但是它们的模样实在吓人。白雪还被很多其他的动物欺负过:被天鹅啄,被山羊袭击,被豪猪戳。

白雪很贪嘴,常常会喝上一小杯威士忌。有一次冒险时遇到一节装有罗梦湖牌(Loch Lomond)威士忌的集装箱渗漏,它毫不犹豫地喝了个够。但是白雪总不胜酒力,喝醉了的它跟不上丁丁,甚至无法领会丁丁的意图,惹是生非。

每当这个时候,丁丁就会不停地训斥它。白雪也是一只贪吃的狗,总是迫不及待地去觅食填饱自己的肚子。它偷鸡肉、羊腿以及腌酸白菜肉肠(它只吃里面的肉,

丁丁和白雪这对密不可分的搭档出奇的相似:步调一致,出汗都是一致的。

把白菜扔掉）。不过白雪的最爱是骨头。为了能啃一口骨头，他甘愿受天罚。"魔鬼"知道这一点，所以总是去诱惑他。有的时候是"魔鬼"赢，有的时候则是白雪的理智占上风。其实，这只忠诚的小狗明白自己的职责。虽然它在一根美味的骨头和奥托卡王的权杖之间犹豫不决，但最后还是选择将权杖叼给了丁丁。当然白雪仍然摆脱不了它作为狗的本性，所以当它发现大梁龙的骨架时，巨大的诱惑让它忍不住叼走一块大腿骨。

白雪好奇心强，它为自己的鲁莽付出过不少代价：它太想看看垃圾桶里的东西，鼻子经常被卡在罐头盒里动弹不得。不过，正是由于它的好奇心和准确的直觉，它和主人丁丁每次都是出色的侦探。当然，这

要以它不被猫、骨头或者羊腿干扰为前提。比如，是它认出了掉在港口的旧帽子是被挟持的图尔尼索尔教授的帽子。它也很机灵，为了帮助丁丁逃跑，它假装得狂犬病。白雪不仅会搞怪，还懂得以家长的方式缓和丁丁的情绪。在《奥托卡王的权杖》（*le Sceptre d'Ottokar*）中，白雪对丁丁说："你错了，丁丁！你知道你从来没有把别人的事情办好过。"它还会巧妙地调动丁丁的情绪，让内敛的丁丁表达自己的情感。不过，白雪从不犹豫表达自己的感情，几乎有着和人类一样的反应：当丁丁在西藏的山洞里找到张仲仁的时候，它灿烂地笑了；当它的主人难耐酷热，为世界末日感到害怕的时候，它也不停流汗。

白雪之所以跟随它的主人，是因为丁丁给了它爱和关怀。《丁丁在刚果》（*Tintin au Congo*）中，当白雪掉到海里时，丁丁在跳到海里救它之前不是大喊"有人掉海了！"吗？某些关于训练狗的教科书中提出不能老拴着猎狐梗，要让它多锻炼。从这个意义上，丁丁的确是模范主人，因为他让白雪在世界上各种各样的灾难中得到不少身体锻炼。

不管愿不愿意，白雪尽管经常低声抱怨，但一直对主人不离不弃，因为它无法想象没有丁丁的生活。的确，这对搭档就像杜邦和杜庞这对孪生兄弟一样不可分割。

白雪，这只滑稽又可爱的猎狐梗，面对骨头完全没有任何抵抗力，不管那骨头的尺寸是多大。

131

姆尼多（Munito）是 19 世纪著名的表演犬，是一只会做算术的贵妇犬。它被放在用纸板围成的圆圈内，纸板上写了不同的数字。它慢慢地沿着纸板走，聚精会神。经过一番思考，它便能选择出与运算结果相符的数字牌。事实上，它根本不会算数，它只是听从它主人的指挥：它听觉非常灵敏，一旦主人发出微弱的声响（用指甲或者牙签），它就会马上在正确的纸板前停下。作为奖励，它将得到一个小肉团。很多人说这表演是恶作剧。的确，姆尼多并不会算术（没有狗能算术），但是毫无疑问，它是一只天资聪颖的狗，它的主人善于挖掘它的天赋，使它的表演才能在舞台上充分表现出来。

一直以来，狗都是马戏团的表演者。对于街头卖艺者来说，在路边找一只流浪狗并不是难事。卖艺者根据狗的能力来挑选表演犬，训练中最迟钝的那些将重返它们流浪狗的生活。训练时，卖艺者让狗不断地重复做动作，根据训练结果奖励或者惩罚它们。表演犬的节目既可能是"智力测试"（如姆尼多的节目），也可能是出色的肢体动作表演。狗在弹跳方面天赋异禀，它们既要学习跳钢索，也要学钻圈、空心翻（猎狐梗非常擅长这类项目），用后腿直立在地上、滚筒上或球上走路。直立起来的狗总能让人忍俊不禁，这种表演也有各种各样的场景：狗穿戏装、成对走或者一个跟着一个走。这必然让观众捧腹大笑。

如今犬类依然为我们进行着平衡杂技或其他技巧表演，它们被认为并将永远被认为是天资卓越的杂技表演者，是马戏团不可或缺的演员。

1953 年梅德拉诺马戏团表演犬表演的排练现场。狗狗们个个训练有素，是多才多艺的杂技演员。

单身的斑点狗彭哥（Pongo）和主人罗杰（Roger）一起生活在伦敦。这只狗像人类一样非常烦恼，它决定改变自己的命运。在成功地促成了罗杰与美丽的安妮塔（Anita）的邂逅之后，它开始与安妮塔饲养的母斑点狗白佩蒂（Perdita）一起生活。它们很快便做了爸爸妈妈，可是短暂的幸福过后，它们的15只狗宝宝被可怕的库伊拉绑架了。小猫塞尔让解释说，库伊拉想要做一件狗毛皮衣。

为了能找到狗宝宝，彭哥和白佩蒂通过在夜晚吠叫来传递消息。很快，周围的狗狗传播了宝宝被

画中的斑点狗崽们有着各种各样的姿势。画家们事先曾仔细观察过真正的斑点狗崽。

绑架的消息，并锁定了狗宝宝的位置。它们经历了与坏人的激烈斗争、冰天雪地里筋疲力尽的艰苦跋涉，以及与滑稽的库伊拉的追逐……最终，成功回到伦敦，并带回了它们的宝宝，以及其他的小狗崽：一共99只。罗杰和安妮塔收养了所有的小狗，再加上彭哥和白佩蒂，一共101只斑点狗。

动画片《101只斑点狗》（les 101 Dalmatiens）是一部创新之作。它于1961年问世，与传统动画片讲述仙女故事的情节不同，情节新颖现代。这也是第一部不通过人工上墨，而是采用静电复印术①制作的动画片。片中的斑点狗角色代表着一个人类家庭：彭哥，白佩蒂，他们的孩子拉克、帕奇、罗琳以及其他聚集在电视机前的孩子，共同组成了一个大家庭。彭哥充当父亲这一角色，为了找到孩子不辞辛苦：是它想到夜间吠叫传递消息的办法，并通过往小狗身上涂炭黑来蒙蔽绑匪。同样，白佩蒂也是称职的母亲：它哄孩子们睡觉，喂给它们食物，以至于小狗们只呼唤它的名字。另外，它为了保护孩子们，顽强地与库伊拉的手下霍瑞思和贾斯柏搏斗。

《101只斑点狗》不仅展示了一个和睦家庭的形象，还告诉我们要团结一致的道理，而这种团结互助也并非只发生在犬类团体内部。除了苏格兰牧羊犬、拉布拉多犬等都在寻找小狗时以及帮小狗回家时提供了帮助外，小猫塞尔让和小马卡比塔尼保护它们逃跑，还有那些八卦又多愁善感的母牛，给狗宝宝们喂奶。爱、幽默、友善、慷慨，这些美德成就了这部电影，使之成为经典之作。

----

① 静电复印术是美国物理学士切斯特·卡尔森（Chester Carlson）在1938年发明的一种影印复印技术，现已广泛运用到复印机（模拟式、数字式）、激光打印机和普通纸传真机中。——译者注

明星犬 ▶ 任丁丁 | 一段真正的传奇

任丁丁（Rintintin）的故事发生在远离好莱坞影视城的地方。1918 年 9 月，美国空军第 136 中队的士兵们进驻图勒附近的弗勒里。德国军队已于几天前逃遁了。在搜索巡逻的时候，飞行员李·邓肯（Lee Duncan）在一个库房（应该曾是德国军队的犬舍）里发现了一只母德国牧羊犬和五只幼犬。他把它们带回军营，从此这只母狗成了中队的吉祥物。

上尉布莱恩特（Bryant）领养了这只德国牧羊犬和其中三只幼犬，李·邓肯则保留了剩下的两只，也是以后唯一存活下来的两只。属于布莱恩特的那三只幼犬，一只死了，另两只不幸被偷走。邓肯给他的两只狗取名娜娜缇和任丁丁，以此来纪念在一次空袭中生还的一对法国夫妇。战争结束后，李·邓肯和他的狗回到了美国。但是，就在他们回家三天之后，娜娜缇患肺炎死去。

在美国，任丁丁参加各种犬展并取得了多项荣誉。在主人李·邓肯的训练下，它成了演员。任丁丁在它的第一部作品——无声电影《北方从哪里开始》（*Où commence le Nord ?*）中担任主角。剧本由李·邓肯创作。这只牧羊犬表情丰富，表演充满表现力（尽管在拍摄中，它

20 世纪 50 年代时的神奇拍档：鲁斯蒂和任丁丁。

全黑的脑袋需要补光）。而这部电影的成功，也是任丁丁辉煌演艺事业的开端。很快，任丁丁就成了华纳公司一名真正的明星。它才华横溢，基本上什么都会做：跳高，攀登，穿越火海，跳到人的身上并保持平衡，跳过玻璃窗（那上面涂上了冰糖），等等。

除此之外，它还会表现得很温柔，将它的头靠在人的膝盖上（或者将爪子放在人的膝盖上），或者用后腿直立起来。只有它的主人才能指挥它，所以它的主人在一旁监管它所有的表演。

跟所有明星一样，任丁丁过上了好莱坞明星式的生活：他和另一只叫娜娜缇的狗举办了风光的婚礼。之后四只幼犬诞生了，它们有一间婴儿房还有私人的保姆。拥有 25 万美元身价的任丁丁，有五只保镖犬、一个仆人和一个厨师，出行都乘坐高级轿车。

1927 年，任丁丁已 9 岁，但它仍在电影中完成一些惊险动作：比如在《警察追踪》(Trackedby the Police) 中它被起重机高高吊起。一年之后，有声电影问世，任丁丁凭借其卓越的表演才华继续在有声电影中进行演出。同时它也参与广播剧的表演。1932 年 8 月 10 日，任丁丁去世了，享年 14 岁。在 9 年的职业生涯中，任丁丁参演了 22 部电影，其中多部都获得成功。

任丁丁走了，任丁丁万岁！它的儿子小任丁丁继承它的事业，继续表演到 1934 年。第二次世界大战爆发后，为军队训练军犬的李·邓肯被动员去寻找小任丁丁的继承人。据说他找到的这位任丁丁三世懂得执行 500 条指令，它可能比任丁丁一世还要出名。这可能是因为它离我们的年代比较近，另一方面自 1954 年开始任丁丁登上了电视荧幕。在电视剧中，任丁丁三世是一个小男孩鲁斯蒂（Rusty）的搭档，他们在美国西部的阿帕奇要塞冒了很多险。

李·邓肯退休后，弗兰克·巴恩斯（Franck Barnes）接替他，训练连续剧里的任丁丁三世的继承人，即第四代任丁丁——小黄金男孩（Golden Boy junior）。每次拍摄前，小黄金男孩都要被送去化妆室将脸涂黑，让它看起来更像最初的任丁丁。它成了任丁丁家族的最后一代，因为连续剧在 1959 年就停播了。

虽然我们与任丁丁四世分别已经有 40 年了，但谁会说他不认识这个美国明星呢？

1954 年，继在电影界获得巨大成功后，任丁丁成了电视明星。

1943 年，美高梅集团决定将埃里克·奈特（Eric Knight）的畅销小说《忠诚的莱西》（Lassie, chien fidère）搬上银幕。这部小说的灵感来自一则社会杂闻，主人公是一只狗，它跋涉千山万水最后终于同它的主人团聚。故事发生在苏格兰，所以剧组想物色一只苏格兰牧羊犬。苏格兰牧羊犬有着牧羊犬的典型特征（细长的脑袋，修长的身材，不高但是强壮，体态优雅，有着一身漂亮的被毛，而脖颈处被毛尤其浓密，躯干上长长的被毛呈流苏状），所以帅气迷人。大约从 1500 只狗之中，美高梅集团选择了一只母狗作为主演，另一只叫帕勒（Pal）的公狗做替身。帕勒不仅能够完成所有的替身表演，而且它很快就比那只母狗表现出更卓越的表演才能。最终，帕勒替代那只母狗成了电影明星（它是公狗又有什么关系，它浓厚的毛发让观众不太能识别它的性别）。显然，帕勒更有能力成为一名演员。

1940 年，在好莱坞经营一家驯兽学校的拉得·维斯马克斯（Rudd Weathemax）迎来了一只不听主人话的 8 个月大的狗，这就是帕勒。尽管帕勒经过维斯马克斯的培训，但它原来的主人还是拒绝领回它。可能是出于职业习惯（因为维斯马克斯为电影工作室工作），维斯马克斯教会了年轻的帕勒一些简单的动作。

扮演了莱西一角的苏格兰牧羊犬们做出了许多英雄行为。在 1996 版的电影里，这只狗救起了溺水的孩子。

按指令吠叫，匍匐而行或者装死，这些都为它成为电影演员打下了基础。当然拍摄时仍然需要运用一些技巧。在《忠诚的莱西》（Fidèle Lassie）里，当拍摄莱西和小男孩重逢的场景时，男孩脸上涂了冰淇淋，这让帕勒舔得看起来更加真实。至于那些莱西与坏人之间的打斗场面，帕勒其实面对的是很久不见的同类。重逢的喜悦场面，跳跃和翻筋斗的动作都是后期再加上犬类呼噜声和叫声来烘托气氛。帕勒是一个奇才，它能对一百种不同的指令做出回应。帕勒天性温柔（例如它能用嘴叼着一只小鸡却不让它窒息）。一些莱西号叫或是咬人的场景，偶尔也需要代演，因为温柔的它无法胜任。

帕勒出演了 6 部电影，在这些电影中，它偶尔扮演的不是莱西这个角色。它的第二个角色是拉迪——莱西的儿子。1947 年，它尝试拍广播连续剧。1950 年，它出演《莱西的挑战》（le Défi de Lassie）。故事的灵感来自一只苏格兰小狗鲍比，它在其主人位于爱丁堡的坟墓旁守墓多年。1951 年，帕勒扮演了其演艺生涯中最后一个角色——舍普。它死于 1958 年，享年 18 岁。

莱西的成功使得众多家庭开始饲养牧羊犬，还常常给它们取名莱西。虽然帕勒去世了，莱西系列电影还在继续。从 1954 年到 1972 年，莱西的角色相继被六代狗演绎过，所有这些狗都是帕勒的后代，而且都是公狗。后来，莱西的角色于 1954 年被搬上了电视荧幕，它出现在每集半小时、共 143 集的黑白系列剧中。一个新系列共有 199 集的电视剧很快于 1957 年问世，一直播到 1974 年。所有帕勒的继承人（小莱西、黑黑，等等）无论在电影还是电视剧中，都完成了不计其数的表演。

莱西和它的小搭档之间非常亲密，就像是一对好友。图为 1949 年 R. 索普（R. Thorpe）拍摄的《莱西的失与得》剧照。

众多电影、电视剧，众多"莱西"，众多观众，一起成就了这只忠诚勇敢的苏格兰牧羊犬不朽的传奇。

明星犬 ▶ 穆特　狗的悲惨生活

1918 年，查理·卓别林（Charlie Chaplin）拍摄了电影《狗的生活》（A Dog's Life），这是他与美国第一展览公司签约之后的第一部电影，第一展览公司负责发行，而卓别林担任制片人。《狗的生活》用悲喜剧的基调反映了当时美国经济危机下的艰难生活。失业流浪汉夏尔洛从职业介绍所碰壁出来后，看见一群狗在争一块骨头。这时他仿佛看见了残酷生活的真实写照，这是一个只有残酷竞争、没有温情的年代！故事的象征意义非常明显：流浪汉就像一只狗一样生活，为维持生计而偷窃；后来，与他饲养的一只狗一起，他想要讨回一点做人的尊严。无论如何结局是美好的：流浪汉成了农民，结了婚。他温柔地看着摇篮中的狗穆特，一直陪伴他的穆特正在给幼犬喂奶（为营造美好的结局，公狗穆特在银幕上被塑造成母狗形象）。然而，穆特这只杂种猎狐梗犬，《狗的生活》中的犬明星，在现实中的生活可不像这般田园诗意。

在电影开拍的前一年，卓别林发出了寻找狗搭档的告示。一些腊肠犬、波美拉尼亚犬还有斗牛梗犬来试镜之后，卓别林仍不满意。他决定去动物代领所寻找这个珍贵的角色（因为这部电影中的狗需要表现出饥饿的样子，在吃骨头的时候显得很滑稽，很贪婪）。穆特就是在这种情况下被发现，并成了电影中的斯卡普斯。在卓别林的工作室里，它得到了卓别林的宠爱。卓别林希望快点培养起流浪汉和狗斯卡普斯之间的感情，所以亲自照顾穆特。但是，拍摄结束后，因为工作缠身，卓别林无法继续亲自照料穆特。被遗弃的穆特虽由工作室的其他人照顾，但很快就离开了人间。电影于 1918 年 3 月 22 日结束拍摄，而穆特死于 4 月 29 日。

查理·卓别林对流浪狗穆特（银幕上的斯卡普斯）的喜爱不是伪装出来的。

电视剧《贝尔和塞巴斯蒂安》（*Belle et Sébastien*）第一集于 1965 年 9 月 26 日在电视荧幕上播放；这部电视剧一共有 13 集，之后又有两部塞巴斯蒂安系列剧：《男人们中间的塞巴斯蒂安》（*Sébastien parmi les hommes*）和《塞巴斯蒂安和玛丽·莫佳娜》（*Sébastien et la Marie-Morgane*）。由塞西尔·奥布里（Cécile Aubry）撰写并导演的《贝尔和塞巴斯蒂安》讲述的是一个小孤儿和他的大白熊犬之间的故事。他们居住在塞萨尔（意大利边境的阿尔卑斯山区的乡村），抵制间谍和走私活动。

为了突出小男孩 [塞巴斯蒂安一角由塞西尔·奥布里 7 岁的儿子马德希（Medhi）扮演] 和大块头狗搭档之间的体型差异，塞西尔·奥布里想要找到一只大型犬。当时，大白熊犬在巴黎地区并不出名。塞西尔·奥布里在确定角色形象时发现了这一犬种。但是经过角色遴选后，他们最后选择的狗却属于完全起源于巴黎地区的犬种：一只名叫弗朗克（Flanker）的 18 个月大的公狗（但它长长的毛发隐藏住了它不是蒙坦尼犬的事实）。它没有经过训练。在拍摄中，很多场面都是运用技巧拍摄的。比如，当贝尔和塞巴斯蒂安一起奔跑的时候，跑得快的狗总是在小男孩之前。后来，他们用一根透明的尼龙绳把男孩和狗拴在一起。但是马德希由于体重太轻，所以往往被弗朗克拖着跑。后来这个小男孩发现弗朗克喜欢巧克力。他便在手里放几块巧克力，这样终于能让弗朗克和他保持同样的跑步节奏了。

在电视剧里，贝尔是一只可爱、忠诚、有着准确直觉的狗。"诺贝尔是坏人，贝尔不喜欢他。"当说到一个还没有被拆穿身份的奸商时，塞巴斯蒂安如是说。《贝尔和塞巴斯蒂安》这部电视剧除了侦破情节外，也详细地反映了山区居民的日常生活。这种融合成就了一部温情感人的作品，长期俘获住法国电视观众的心。看着贝尔这只漂亮的山地犬在大自然中奔跑，观众快乐的感觉油然而生……

电视剧《贝尔和塞巴斯蒂安》取得巨大的成功，以至于 20 世纪 60 年代比利牛斯山成了法国的旅游胜地。

明星犬▶霍克　　半天使，半魔鬼

　　1989 年，汤姆·汉克斯（Tom Hanks）在电影《透纳与霍克》（Turner et Hooch）中饰演斯科特·透纳（Scott Turner）一角。这部影片中两个性格截然不同的主角生活在一起，从而产生了强烈的喜剧效果。透纳是一名极端讲究规矩的警官，甚至有些洁癖（哪怕只是一点蛋黄酱弄洒在冰箱里，他都会清洗整个冰箱）。霍克（Hooch）是一只肥大的脏狗，不停地流口水，喜欢啤酒。霍克的主人被谋杀，而霍克是唯一的目击者，所以透纳将它带回了家。然而，这显然是个糟糕的决定！透纳干净整齐的房间最终成了垃圾场：又渴又饿的霍克在厨房乱吃东西，在沙发和唱片上乱踩，口水滴到透纳的衣服和鞋子上，最后折腾累了，它舒服地睡到了床上。当然一开始，这种同居是充满战争的，后来他俩学会了相互了解，并一起展开调查来抓获凶手。

　　最终，霍克献出自己的生命救了透纳。透纳非常伤心，因此，为了纪念霍克，他领养了一只小狗，于是家里又翻天覆地，故事又一次开始了……

　　为了生动地刻画霍克（一只看起来凶猛但其实很和蔼可亲的狗）的形象，一只波尔多犬被选中。这是一种莫洛斯犬，有着强壮有力的颌部，扁头，奇怪的嘴唇和温柔漂亮的绿眼睛。事实上，拍摄时一共用了两只狗，贝斯垒和它的替身伊果尔。据汤姆·汉克斯描述，它们很贪玩，很热情，没有什么恶意。有一场发生在港口的戏，霍克必须扑住透纳的脖子，这很难拍摄，因为霍克无法假装咬透纳，它更喜欢舔他。还有，霍克喜欢啤酒（在美国俚语中霍克意为"烈酒"），它很容易就能"打开"瓶盖，尤其是当瓶子里装满鸡汤的时候……看来，做演员是个辛苦的差事啊！

透纳明白了霍克传递给他的信息，它透过窗子看见了谋杀它主人的杀手。（左图）

在拍摄之前，男演员和饰演霍克的两只狗要进行 5 个月之久的训练，以实现完美的配合。

华特·迪士尼公司（Walt Disney）1993年出品的电影《看狗在说话》（L'incroyable Voyage）由塞拉·本福尔（Sheila Burnford）于1960年出版的同名小说改编而来。这部小说在1963年已经被翻拍成电影，当时书中所有的动物原封不动都被搬上了银幕：一只暹罗猫，一只斗牛梗犬，还有一只拉布拉多犬。而1993年迪士尼版的电影则不同，它对人物做了点更改：莎莎（Sassy）是一只时髦的缅甸猫，原本调皮、不守规矩的斗牛梗犬狗运（Chance）成了一只美国斗牛犬（更加强壮），而拉布拉多犬幻影（Shadow）则成了一只稳重睿智的老金毛寻回猎犬。就像狗运所讲述的，它们每只动物都属于一个孩子：莎莎是霍皮的，幻影是霍皮的兄弟皮特的，狗运的主人则是霍皮和皮特的继父的儿子杰米。但是它们和孩子们分开了。幻影觉得自己无论是身体还是灵魂都忠诚于皮特，于是打算回到皮特身边，狗运和莎莎跟随着它一同上路。这是一段漫长旅程的开始，它们穿越高山，途中遇到了不少友好的动物：一只发怒的熊，一头饥饿的美洲狮，一只刺人的豪猪。它们继续它们的旅程。险象环生的旅行使它们彼此更加亲近：幻影把它从生活中汲取的经验传授给狗运，莎莎在狗运面前不再那么高傲。当它们回到家之后，它们所在的家庭也恢复和睦，继父终于被大家所接受，大团圆结局！而这部电影的拍摄过程显然也是一次探险，因为在野外拍摄，所以必须用马来运送器材，而且参与拍摄的动物比屏幕上出现的要多得多：一共四只替身狗和十只替身猫，它们之前已经接受了七个多月的训练。

《看狗在说话》合理而巧妙地将恐惧（当莎莎掉进激流时）、悲伤（当幻影准备要放弃旅程时）、喜悦（当它们与孩子们重逢时）和幽默（像《碟中谍》中的高级特工一样，莎莎从收容所救出它的朋友们）融合在一起。所有这些元素创造出了一段段美妙的故事。

这部电影的法语版中克里斯汀·克拉维尔（Christian Clavier）为狗运，让·雷诺（Jean Reno）为幻影，以及瓦莱丽·勒梅西埃（Valérie Lemercier）为莎莎配音。

当贝多芬来到收养它的家庭时，它还只是一只可爱的圣伯纳幼犬。爸爸面对这只小毛球犹豫不决，不知是否应该留下它，他最终还是被妈妈和三个小孩说服。接下来，就是给这个小家伙起名了：当小狗听见贝多芬的第九交响曲时吠叫起来，所以他们便叫它"贝多芬"。贝多芬成年后体重达到了75公斤。这个大块头固执、贪玩，极其贪吃，经常把家里弄得脏兮兮：地毯、楼梯以及沙发上都有它留下的痕迹，饭桌上的火鸡也常常被它偷吃。贝多芬确实不那么机灵，但这丝毫不妨碍它对饲养它的家庭忠心耿耿：它吓退了试图抓住泰德（Ted）的三个流氓，将快要淹死的艾米丽（Emily）从水中救出，还帮助安妮（Anny）引起了学校最帅男孩的关注。当爸爸正要签署一份将让他破产的合约时，贝多芬摇晃着它笨重的身体破坏了一切。但爸爸根本就没有意识到贝多芬是在挽救他，他生气极了，抱怨贝多芬。当然，最后是大团圆结局：贝多芬和爸爸一起抓住了进行非法动物交易的坏蛋，他们和好如初。在贝多芬的影响下，爸爸越来越关心孩子们，并成了邻居们心目中的英雄。

以上便是《我家也有贝多芬》（Beethoven）这部电影的故事情节。在这部1992年上映的电影中扮演贝多芬的是一只名叫克里斯（Chris）的圣伯纳犬。它血统纯正，在拍摄电影时只有两岁。驯狗师卡尔·刘维斯·米勒（Karl Lewis Miller）在对它进行技巧训练时发掘出它的个性：米勒从来不让克里斯单独完成或出于本能完成某些动作。他要求它听从指挥。为了这部电影的拍摄，总共进行了20个星期的训练，使用了8只替身狗、16只小狗来表现贝多芬成长的不同阶段，除米勒之外还有4位驯狗师共同工作，终于塑造出了贝多芬这样一个完美的明星犬角色，它粗笨，却又充满柔情，连最铁石心肠的人都会被它感化。

《我家也有贝多芬》这部电影取得了巨大的成功，之后两部续集相继出炉：《明星贝多芬》（Beethoven II），《无敌当家》（Beethoven III）。

明星犬 ▶ 丽蒂 | 流浪汉的美女

1955 年，华特·迪士尼公司推出了一部名为《小姐与流浪汉》（la Belle et le Clochard）的动画片。片中女主角丽蒂（Lady）以一名导演饲养的狗布隆迪为原型。而男主角流浪汉则以在动物代领所发现的一只母杂种猎犬为原型。故事情节如下：一只名叫丽蒂的年轻母可卡犬生活在富人街区，在主人吉米（Tim）及其爱人的细心呵护下过着养尊处优的幸福生活。然而莎拉姑妈和她两只狡猾的暹罗猫的到来打乱了它的幸福生活。丽蒂离家出走，经历了一系列的冒险：受到牧羊犬的袭击，被套上嘴套，又被关进了动物代领所。它开始怀念它的家。当然最后它回到了温暖的家，而且还找到了一个英勇的伴侣，也是它宝宝的父亲，一只名叫流浪汉的狗。

尽管丽蒂的外形是一只可卡犬，但是它有着女性典型的特征。长长的耳朵（比真正的可卡犬的耳朵长得多）好像女性浓密的长发（而且丽蒂会像摆动发丝一样地摆动它们），椭圆形的大眼睛，还有长长的睫毛和眉毛，这都让它更似人类。丽蒂不时地会因为生气而皱眉，因为惊讶而瞪大眼睛，害羞时睫毛忽闪忽闪……而口鼻部这个最能体现狗的特征的部位在丽蒂身上保留下来，但将狗下垂的唇部改为向上扬，这使得丽蒂看起来总是笑眯眯的感觉。丽蒂对事物表现出来的态度也是女性化的。它爱漂亮，爱打扮，会为自己的项链而得意。当它得知流浪汉有多次爱情经历时，它还会嫉妒得与流浪汉赌气。在动画片最著名的场景中，丽蒂与流浪汉在餐馆共享一份意大利面，它转过头，害羞地和流浪汉面对面，这样的表情非常女性化。它最终将流浪汉领回正路上，并给了流浪汉一个家，还有孩子，却从来没有要求流浪汉证明自己的能力。但流浪汉救了它，还有吉米的孩子。总之，丽蒂具备了 20 世纪 50 年代美国男人心目中理想女性的一切优点！

这是《小姐与流浪汉》中最著名的场景。丽蒂与流浪汉共享一份意大利面，这是它们爱情的开始……

这只可卡母犬的故事于 1936 年开始筹划，1955 年正式上映。（上图）

1903 年，一个问题在美国掀起了轩然大波：有人是不是让我们吃了狗肉？热狗（red hot），这种里面夹有蔬菜和香肠、拌有芥末酱的长形面包可能不是用猪肉做的！甚至媒体也在这样议论，这难道不是一个有力的证明吗？

事情是这样的：当时有一个漫画家（名字不详），画了一幅有关热狗（一种主要是在体育竞赛中食用的新型食品）的漫画来宣传这种新型食品，画中的热狗夹的不是香肠，而是一只真正的腊肠犬——热狗这种猪肉食品和腊肠犬都是细长形而且都源自德国。漫画题名"Hot dog"（英文的意思是热狗），从热狗的原英文名 red hot 改编而来（red 在英文中意为红色，指香肠的颜色，而 hot 意为辛辣的，指的是芥末的味道）。但是这个文字上的改动同样也有其他意义。在 20 世纪初的美国俚语中，如果某个人被形容成"hot dog"是指这个人无论在什么方面都精明能干（几十年里，这个短语被用作滑雪和冲浪术语，专指能够表现不同技巧的人）。因此，被称作"hot dog"的三明治可能不仅仅是热的、辛辣的，而且以此类推，可以说是最好的三明治（它经久不衰的历史可以证明这一点）。

狗替代香肠被夹在面包里的漫画形象显然并不能被所有人理解，所以不久之后，热狗的销量大跌。"hot dog"这一说法甚至被禁止使用。不过，自 1908 年起，媒体和报刊禁不住又开始使用这一说法。

现在，全世界人民（不仅仅是美国人）都知道了这种被称作热狗的三明治。再没有人会担心那里面夹的是狗肉了！

狗和香肠，是热狗不可分离的组合，虽然现如今我们知道三明治里面夹的只是猪肉……

"猎犬"（limier）一词是"liem"的派生词。在古法语中，"liem"表示"牵狗的绳"。在同一词族中，还有另外一词"liemer"，意为"用绳牵着的狗"。在犬猎中，猎犬就是经训练后驱赶猎物的狗。它们被绳子牵着，需要利用嗅觉来找出猎物的踪迹，因为规则是它们只能追踪猎物。管猎犬的仆从预先进行一次搜查来确定一个最好的猎物，并锁定其藏身之处。然后，猎犬就负责找到这个猎物并把它驱赶出来。所以，一只好的猎狗必须拥有敏锐的嗅觉，不能吠叫，并且英勇果敢。

从 18 世纪初开始，"limier"这个字也被用来指跟踪的人。19 世纪，在利特

凭借敏锐的嗅觉，这只猎犬兴奋地拉着猎手奔向下一个猎物。图为哥白林厂于 17 世纪制作的挂毯。

雷[1]法语大辞典中，这个词有多种含义："大型猎犬（猎人和它一起寻找和驱赶猎物）；间谍；警察。"事实上，猎犬所需的优点（嗅觉灵敏，审慎，强壮）正好符合一个好警察的特征，尽管在狩猎场上，猎物的踪迹都是由猎人先发现然后再指挥猎犬去追捕的。"fin limier"，字面意思为机敏的猎犬，指的是狡诈而直觉灵敏的人，它在 20 世纪的侦探小说里成了一个常用表达法。

---

① Littré，法国语言学者，词典编撰者。——译者注

　　路易十一登上王位后，贵族们对他表示出极大的不满。当路易十一还是王太子的时候，他对贵族就非常蔑视；成为国王以后，更是竭力执行巩固王权、集中封建领地的政策。他从勃艮第公爵飞利浦·勒朋（Philippe le Bon）手上买回了索姆河边的几座城池，但是绰号为"大胆的查理"（Charles le Téméraire）的公爵的儿子，反对他父亲对国王的妥协，并组织了一个"公益联盟"来抵制国王。名义上，国王的兄弟——布列塔尼公爵查理·德·贝利（Charles de Berry）——是整个联盟的首脑，但实际上他听从"大胆的查理"的指挥。而所有拥护国王的封建领主们也在国王的号召下集结起来镇压公益联盟。让·德·蒙莫朗西二世（Jean II de Montmorency）要求他的儿子——让·德·蒙莫朗西三世，即尼韦勒爵士（所以他也被称为让·德·尼韦勒）——也随他一同效忠国王。但尼韦勒爵士却加入了公益联盟，站在"大胆的查理"那边。让·德·蒙莫朗西二世因此剥夺了他的继承权并叫他"狗东西"（chien）。让·德·蒙莫朗西父子间的这次纠纷促成了一个法语表达法的产生（有多种说法）。当我们需要某个人的时候，他却逃跑了，我们便说他："让·德·尼韦勒的这只狗，当我们叫它时，它却逃走了。"（Ce chien de Jean de Nivelle, qui s'enfuit quand on l'appelle.）或"他就像让·德·尼韦勒的狗，当我们叫它时，它却逃走了。"（Il est comme le chien de Jean de Nivelle, qui s'enfuit quand

on l'appelle.）据说，让·德·尼韦勒有一只不听话的狗，那么这个表达法中的让·德·尼韦勒的狗（le chien de Jean de Nivelle）就更形象了。

"chien"（狗）这个词在古法语中有贬义的意味（1195—1200 年被用作形容词，1223 年后被用作名词）。事实上狗的社会地位是矛盾的，猎犬和其他高贵品种的狗是被公众接受的，而其他犬类则被认为是有害的，无价值的，比如流浪狗、偷东西的狗、不守规矩的狗、不忠诚的狗，等等。因此，两种犬类形象并存，一种是被驯化的狗，懂规矩，服从命令，尊敬它的主人；另一种是粗野的狗。因此，用"chien"或"chienne"骂人的话就出现了，尤其是"chienne"有淫乱、好色的意思。事实上母狗一年只有两次发情期，这并不能被认为是一个性欲旺盛的标志。19世纪，"chien"的用法有了一些改变："La femme a du chien"指这个女人非常有魅力和美丽，但这种美丽仍然带点性感、色情的意味。如今，我们依然会发现"chien"一词经常被用作贬义，因此我们用"chien"来称呼别人是带有轻蔑意味的。

假若别人与你虚情假意地打交道，你可万万不能信以为真。真的，信我的没错，你不会因此成为一个白痴，也不会成为一个没心肝的伪君子。（出自拉·封丹寓言《隼和阉鸡》，乔治·多尔配图。）

　　圣洛克（Saint Roch）是帮助让人们远离鼠疫
和传染病的圣人。他生于 1295 年，死于 1327 年，
但是他可歌可泣的传奇故事却让某些人认为他在
历史上根本不存在。他的一生的确是传奇的一生。
他的父母来自蒙特利尔，属于十分富有的封建领
主。父母去世后，圣洛克卖掉他继承的所有遗产，
并将所得全部分给了穷人，自己则加入圣弗朗索瓦
的天主教第三会修行。他把自己的爵位让给了他的
叔叔，自己去走访罗马圣地。当时鼠疫肆虐意大利，
后来成为圣人的洛克在那里治愈了不少鼠疫病人，
因为他拥有神奇的能力，可以通过在鼠疫病人身上
画十字符来祛除瘟疫。在回来的路上，他却病倒了。
没有人发现他，与蒙特利尔相邻地区领主的一只狗
成了他的救命恩人，他生病那些天全靠这只狗从主
人餐桌上偷来的食物活命。最终他回到了蒙特利
尔，整个地区一片混乱，没有人认出他，包括他的

以圣洛克的故事为主题的画数量颇
丰。这幅图画的是在沙漠中得病的
圣洛克。丁托列托（Tintoret）绘制，
约 1560 年。

叔叔。他因身份遭到怀疑而入狱，但他宁愿受凌辱也没有表明自己的真实身份。他在狱中待了 5 年，最后死于鼠疫。

圣洛克与狗相处的时光相对于他的一生来说是短暂的，后来人们根据这段故事创造了一个法语表达法：如果我们说"这是圣洛克和他的狗"（C'est saint Roch et son chien.），那就是说这是两个不可分离的人。虽然故事中并没有说明这只狗是否一直陪伴圣洛克到了蒙特利尔，故事中仍然还有很多不确定的地方，但是不管时光如何改变，它的无私奉献精神让我们永生难忘。

这只无私奉献的狗正递给圣洛克一片面包，它娇小的体形更加衬托了它伟人的情操。图为 16 世纪的荷兰雕塑。

专业词汇表

a

AFFIXE：对同一家族所有小狗的称呼。犬类的"家族名称"。这一名称由饲养者提出，然后必须经过犬种俱乐部和犬类协会的认定和许可。

AGILITY：于 1978 年在英国建立的犬类灵敏性体育运动项目，于 1988 年在法国得以认可。狗必须穿越各种障碍物，如跳板、隧道、跨栏等。

ALLURE：指犬类行动时不同的姿态，例如走、碎步小跑、大步跑、奔跑等。这些动作必须以一种非常轻松而规律的方式完成。

AMBLE：行动姿态的缺陷，即同侧两脚同时举步。

APLOMB：四脚直立的姿势。

ARLEQUIN：一种底色为灰、蓝或白色，带有斑纹的被毛。

ARRIÈRE-MAIN：犬的后肢。

ATTACHE：尾巴生长的位置，或靠上，或靠下。

AVANT-MAIN：犬的前肢。

b

BAS：四肢末端白色的部分。

BASSET：巴塞特犬。一种四肢短小的犬，和它的祖先外形一样，只是四肢变短了。

BELTON：白色的被毛，带有小的斑纹或花斑。

PULI

4 Ft

MAGYAR POSTA

BIGARRÉE：杂色被毛，底色和斑纹色相同，但斑纹的颜色更深一些。

BOURRE：底毛。

BRACHYCÉPHALE：一种头部短而宽且圆的犬，如波尔多大丹犬和哈巴犬。

BRINGÉE：一种带有竖条纹的被毛。通常，被毛底色为红褐色，竖条纹颜色为黑色。

BRIQUET：布里克犬。类似于大体形犬的缩小版。它的体形介于它的祖先和巴塞特犬之间。

BROSSE：指类似于狐狸尾巴的狗尾巴。

C

CAILLE：一种在白色底色上带有竖条纹的被毛。

CAMAIL：一直遮住颈部和肩部的长被毛。

CHANFREIN：鼻梁，即眼睛下部到鼻子之间的部位。

CHARBONNÉ：双色被毛，毛的末端颜色更深，令被毛形成了有阴影的感觉。

CHIEN COUCHANT：被训练来参加网猎的猎犬。这种猎犬通常会俯身、肚子贴地来抓住鸟类等猎物。它扑住猎物后，猎网将它和猎物一起罩住。

CHIEN COURANT：追逐猎犬，经过训练后，在狩猎时一边吠叫一边追逐猎物。

CHIEN D'ARRÊT：狩猎犬。最初这种猎犬是用于搜寻带羽毛的猎物。现在它的任务也包括堵住猎物的去处、将被击落的猎物带回。更笼统地说，这是一种能觉察猎物的存在，找到它们并捉住它们的猎犬。

CHIEN D'EAU：水猎犬。这种猎犬负责寻回被击落后掉入水中的猎物。

CHIEN DE ROUGE，CHIEN DE SANG：寻血猎犬。一种特殊的猎犬，它能嗅到受伤的大型猎物的血的气味，并以此进行追踪。

CLUB DE RACE：犬种俱乐部。通常是依据 1901 年法规而建立的非营利性质的协会，由志愿者管理。这些犬种俱乐部隶属法国犬类中心协会，受农业部官方认可。它们的主要目的就是推动犬种的发展。法国有 100 多个这样的俱乐部。

COB：身材结实、四肢短、体形浑圆的一种犬，如哈巴犬。

COFFRE：犬的胸廓。

COLLERETTE：颈部周围的长毛。

COLLIER：颈部周围白色被毛部分。

CULOTTE：臀部及大腿根部的长被毛，尤其是在大腿后侧。

CYNOPHILIE：有关犬种的研究和知识。

d

DOGUE：大丹犬，也称獒犬，这种犬身材矮壮，有着强健的颌部，是天生的防卫犬。

DOLICHOCÉPHALE：头部细长的犬，如猎兔犬。

e

EXPOSITION：犬展，由法国犬类中心协会监管的活动。犬展上会进行很多犬类比赛，有体育竞技类型（如犬类灵敏性）比赛，也有选美类型比赛。而且在犬展上还有可能使参赛犬获得其犬种的核准和认可，即让它参加一个测试来拿到其犬种血统证书。法国第一届犬展于 1863 年举行。

f

FANON：皮肤的褶皱从颈部下方一直垂到咽喉处，甚至前胸。

FOUET：犬类的尾巴。

g

GARROT：颈部和背部之间的部位。这个部位到地面的距离即是犬的体高。

GRASSET：大腿和小腿间的关节部分，也叫作髌骨。

GRIFFON:格里芬犬，追逐猎犬或狩猎犬，它拥有长卷被毛或中长卷被毛。

GROUPE：所有拥有共同遗传特征的犬种的总称，即组别。但不同犬种的特征不一定完全相同，因此同一组别里会存在不同类型的犬。组别中所包含的犬都是按照一定标准而定义的纯种犬。所以杂种犬和澳洲野犬不属于任何组别。法国将犬类一共分为 10 个组别，每个组别再细分为不同类别，每种犬按照其法语名的首字母顺序来进行介绍。

GROUPE 1：第一组。牧羊犬 (I)，包括长须柯利牧羊犬、德国牧羊犬、比利牛斯山牧羊犬、伯格尔·德比尤斯犬、布里牧羊犬、苏格兰牧羊犬、喜乐蒂牧羊犬；牧牛犬 (II)，瑞士牧牛犬除外。

GROUPE 2：第二组。宾莎犬和雪纳瑞犬 (I)，包括多伯曼犬、雪纳瑞犬；莫洛斯犬 (II)，包括拳师犬、英国斗牛犬、阿根廷杜高犬、波尔多大丹犬、莱昂贝格犬、马士提夫犬、大白熊犬、罗威纳犬、圣伯纳犬、沙皮犬、纽芬兰犬；瑞士牧牛犬 (III)，包括伯恩山犬。

GROUPE 3：第三组。梗犬，大型和中型梗犬 (I)，包括猎狐梗、杰克拉塞尔梗犬；小型梗犬 (II)，包括凯恩梗、斯凯梗、西高地白梗；斗牛梗犬类 (III)，包括斗牛梗；玩具梗犬类 (IV)，包括约克夏梗犬。

GROUPE 4：第四组。腊肠犬。

GROUPE 5：第五组。斯比茨犬和原始犬：北欧雪橇犬 (I)，包括阿拉斯加马拉缪特犬、西伯利亚哈士奇犬；北欧猎犬 (II)，包括西伯利亚欧俄莱卡犬；北欧护卫犬和牧羊犬 (III)；欧洲斯皮茨犬 (IV)；亚洲斯皮茨犬和相关犬种 (V)，包括松狮犬、秋田犬；原始犬 (VI)，包括巴先吉犬；原始猎犬 (VII)；原始猎犬 (VIII)，沿背脊处有一长条隆起被毛的犬。

GROUPE 6：第六组。追逐猎犬 (I)，包括巴塞特猎犬、格里芬尼韦奈犬；寻血猎犬 (II)；相关犬种 (III)，大麦町犬。

GROUPE 7：第七组。欧洲大陆狩猎犬(I)，布列塔尼猎犬；英国狩猎犬 (II)。

GROUPE 8：第八组。寻回猎犬 (I)，包括金毛寻回犬、拉布拉多犬；激飞猎犬(II)，可卡犬；水猎犬 (III)，巴贝犬。

GROUPE 9：第九组。玩具犬和伴侣犬：比熊犬和相关犬种 (I)，包括马耳他比熊犬、卷毛比熊犬、图莱亚尔绒毛犬；贵妇犬 (II)；小型比利时犬 (III)；无毛犬 (IV)；西藏犬 (V)，包括拉萨犬、西施犬；吉娃娃犬 (VI)；英国长毛垂耳玩具犬 (VII)，包括骑士查理王犬、查理王犬；日本和北京长毛垂耳犬 (VIII)；欧洲大陆长毛垂耳玩具犬 (IX)；克龙弗兰德犬 (X)；小型

莫洛斯犬（XI），包括哈巴犬、法国斗牛犬、波士顿梗犬。

GROUPE 10：第十组。猎兔犬和相关犬种。长毛猎兔犬（I），阿富汗猎犬；刚毛猎兔犬（II），短毛猎兔犬（III），包括灵缇犬、惠比特犬。

j

JARRET：小腿和跖骨之间的部位，是后肢的关节部分。

l

LIGNÉE：谱系，包括源于同一公种犬的所有后代。

LOF：法国犬类血统登记簿，包含所有在法国出生、属于法国和世界公认犬种的狗的出生记录。由法国犬类中心协会管理。

m

MANTEAU：被毛的一种，背部毛色较深，与身体其他部分被毛的颜色不同。

MÂTIN：即马丁犬，包括大型看门犬、猎犬和牧羊犬等。

MISE BAS：大部分母狗生产时采用侧卧姿势，也有一些采用站立姿势。小狗成功从母体排出，一般需要半小时。小狗的数量根据犬种的不同而有差别，一般有2—10只。

MOLOSSE：莫洛斯犬，有着庞大的头部和健壮的身体的大型犬。

p

PANACHE：竖立而呈羽毛状的尾部被毛的总称。

PANACHURE：被毛的一种，其白色部分盖过了有色底毛。

PANTALON：大腿部位的长被毛，但其生长位置靠下。

PARTICOLORE：双色被毛或具有两种以上颜色的被毛。

PEDIGREE：犬种血统证书，法国犬类血统登记簿的注册证书，由法国犬类中心协会颁发。血统证书记录了该犬及其祖宗三代的情况，还有它所属犬种。没有血统证书的幼犬是不允许被出售的：犬类可以从 12 个月龄起参加认定测试来取得血统证书。

PITBULL：比特犬。1999 年 1 月 6 日法国颁布的与危险动物、流浪动物和保护动物有关的法律中将危险犬分为两类。第一类是攻击型，包括外形类似于斯坦福犬和美系斯坦福犬的攻击犬（即比特犬），还有外形类似于马士提夫犬的犬种（也叫布尔犬）和近似土佐犬的犬种。这些犬都没有被收录进法国犬类血统登记簿，也不起源于任何公认的犬种。
第二类是防护型犬，包括斯坦福犬、美系斯坦福犬、罗威纳犬、土佐犬，还有一些可视为罗威纳却没有收录进法国犬类血统登记簿的犬。这两种类型的危险犬必须到市政府登记，出入公共场合必须佩戴狗绳和嘴套。而且属于第一种类型的危险犬还必须绝育。

PLASTRON：前胸。

POIL：被毛。犬类拥有两种类型的被毛。第一层被毛构成浓密的外层被毛，也叫作抢毛。第二层被毛构成底毛，也叫作绒毛。这两种被毛的比例因狗的品种而各有不同。第一层被毛多而第二层被毛少，就

形成刚质被毛，能防蜇咬；反之，则形成柔软防水型被毛。

POINTER：保因脱犬，属于狩猎犬，因为受过训练，能用鼻指向所嗅出猎物的方向，因此被称作"指示犬"。

q

QUATRŒILLÉ：在眼睛下面有黄褐色斑纹的犬，给人感觉像长了四只眼睛（如伯格尔·德比尤斯犬和罗威纳犬）。

r

RACE：亚种，生物学中"种"下面的分支。属于同一亚种的犬拥有相同的遗传特征（即外形、被毛、牙齿、爪部等都相同）。

RETRIEVER：寻回猎犬，能找到并寻回被击中而掉入水中的猎物。

ROBE：被毛的颜色和图案（斑纹和条纹）。

ROSE：指狗向后卷起的耳朵。

s

SCC：法国犬类中心协会，成立于 1882 年，

由狩猎爱好者创建。此协会隶属于农业部，监管着法国各个犬种俱乐部和地方协会，管理犬类身份号码卡片资料库和犬类血统登记簿，制定犬种评判标准，协调各地方犬业协会的活动。

SETTER：赛特犬，一种英国狩猎犬。

STANDARD：一个犬种在外形和行为举止方面的特点的总称。它代表了一个犬种最理想的类型，每只犬都应该尽可能地朝它所属犬种的标准类型发展。

TOY：英文词，意思是玩具，用来指小体形的宠物犬，也叫玩具犬，如吉娃娃犬、北京犬和约克夏梗犬。

t

TATOUAGE：犬类刺青号码，是一只犬的身份证明号码，可以从法国犬类中心协会管理的犬类卡片中心资料库中查询。其资料包括犬的姓名、住址、主人的电话号码。刺青号码使我们更容易找到丢失的犬只，如果丢失的犬被送进收容所，有刺青号码的犬不会被安排安乐死。刺青号码是通过刺青术将号码刺在大腿内侧或耳朵里面。现在有些犬身上的刺青已经被植入皮下的电子晶体所代替了。

TERRIER：梗犬，善于捕捉穴居动物的猎犬（如猎狐、猎獾）。

v

VÉNERIE：犬猎。进行大型犬猎活动时，狩猎者骑着马，不带枪，带着猎犬队对猎物进行围猎。猎捕的动物为奔跑速度迅速的大型猎物，如鹿、黄鹿、野猪和狼。进行小型犬猎活动时，狩猎者步行带着猎犬追逐猎物，对猎物进行围猎。猎捕的动物多为野兔、獾或狐狸。

z

ZOONOSE：由犬类传给人类的疾病，如狂犬病。

索引

参考文献

L'ABCdaire du chien,
Luigi Boitani, Monique Bourdin,
Genevizève Carbone, Flammarion, 1997.

Les Animaux du cinéma: les chiens,
Jacqueline Cartier, Gilles Gressard,
éd.Ketty & Alexandre, 1994.

Les Animaux de cirque,
Robert Levy, Syros Alternatives, 1992.

Les Animaux de cirque, de course
et de combat,
Gaston Sévrette, Armand Colin, 1910.

Le Chien dans la littérature,
Marc Sainte-Marie, Michel Dansel
éditeur, 1984.

Le Chien dans l'art, du chien
romantique au chien postmoderne,
Robert Rosenblum, Adam Biro, 1989.

Le Chien, encyclopédie active,
Dr Pierre Rousselet-Blanc, Larousse, 1994.

Encyclopédie du chien Royal Canin,
sous la direction du Pr Dominique
Grandjean et du Dr Jean-Pierre
Vaissaire, éd.Royal Canin, 2000.

Guide pratique du chien de sport et d'utilité,
sous la direction du Pr Dominique
Grandjean, éd.Royal Canin, 1999.

Histoire du chien, Roger Béteille,
PUF, coll. «Que sais-je? », 1997.

Histoire du chien et des hommes,
José Moinaut, éd. J.-M. Collet, 1998.

La Vie de chiens célèbres,
Pierre-Antoine Berheim, éd. Noêsis, 1997.

图片声明

ADAGP: 113，114，115，116，119，120

AKG Paris: 17，35，36，119

Alinari-Giraudon: 5，19

Alain et Élisabeth Barba Lopez, éleveurs: 53（下图）

BL-Giraudon: 11

Bridgeman-Giraudon: 3

Cameraphoto Arte-Giraudon: 149

Collection Christophe L.: 123，133，135，136，137，138，140，141，142，143，144

Corbis: 21，47，49，100，108，109，120

Club français du dogo argentino: 101（左图）

Club français du leonberg: 85，86 Pierre Marges

Club français du whippet: 77

Dargaud: 129

Julie Deutsch, éleveuse: 78（下图）

Dorling Kindersley: 43

DR: 9，121，127，128，145，148，151，153，155

Marie-Claude et Michel Félicité, éleveurs: 69（下图）

FNECGA: 56，57

Collections du Fonds Simenon de l'Université de Liège: 131

Giraudon: 6，13，15，18，19，27，28（上图），30，31（右图），32，34，39，
114，115，116，117，122，146（上图），149，150

Hergé/Moulinsart: 130，131

Jacana: 105（左图），105（右图）Elizabeth Lemoine

Lauros-Giraudon: 12，15，18，40，41，117，122，146，157

Lauros-Giraudon/Bridgeman Art Library: 33

Nicolas Mathéus. Musée de la Chasse et de la Nature: 110

Musée Toulouse-Lautrec, Lautrec, Albi: 112

Musée François Pompon/photographie de Pascal Tournier: 113

Photothèque de la Société centrale canine: 31（左图），50（左图），53（上图），54，55，60，61，63，64，65，66，67，68，69（上图），70，71，72，73，74，76，78（上图），79，82，83，84，88，91，92，93，94，95，96，97，98，99，100，104

Dominique Poizat/coll. ANENA: 50（右图），51（上图）

Roger-Viollet: 2，14，22，23，25，26，28（下图），29，37，38，42，44，45，46，48，52，53，107，111，118，124，125，132，139，146

Société du chien de berger allemand: 51（下图）

Shar peï club de France: 87

Shetland club de France: 75

Sunset: 62，80，81（下图），89，90，102（上图）P.Moulu，102（下图），103

Gérard Lacz

Walt Disney: 133，144

图书在版编目（CIP）数据

名犬 /（法）克里斯特尔·马泰著；邓毓珂译 . —
上海：上海文化出版社，2019.4
ISBN 978-7-5535-1536-6

Ⅰ . ①名 … Ⅱ . ①克 … ②邓 … Ⅲ . ①犬 – 通俗读物
Ⅳ . ① S829.2–49

中国版本图书馆 CIP 数据核字（2019）第 063445 号

出 版 人：姜逸青
策 划 人：贺鹏飞
责任编辑：何智明
特约编辑：杜姗姗
装帧设计：灵动视线

书　　名：名　犬
作　　者：（法）克里斯特尔·马泰
译　　者：邓毓珂
出　　版：上海世纪出版集团　上海文化出版社
地　　址：上海市绍兴路 7 号　200020
发　　行：上海文艺出版社发行中心
　　　　　上海福建中路 193 号　200001　www.ewen.co
印　　刷：北京天恒嘉业印刷有限公司
开　　本：960×640　1/16
印　　张：11
印　　次：2019 年 6 月第一版　2019 年 6 月第一次印刷
国际书号：ISBN 978-7-5535-1536-6 / S.011
定　　价：55.00 元
告 读 者：如发现本书有质量问题请与印刷厂质量科联系　T：010-85376178